GANSU SHENG DIANXING KUANGCHUANG XILIE
BIAOBEN JI GUANGBAOPIAN TUCE
TIE NIE TONG QIAN XING WUMU HE XITU KUANG

甘肃省典型矿床系列标本及光薄片图册

铁镍铜铅锌钨钼和稀土矿

张海峰　张学奎　魏学平　著

甘肃科学技术出版社

图书在版编目（ＣＩＰ）数据

甘肃省典型矿床系列标本及光薄片图册. 铁镍铜铅锌
钨钼和稀土矿 / 张海峰，张学奎，魏学平著. -- 兰州 ：
甘肃科学技术出版社，2023.7
ISBN 978-7-5424-3085-4

Ⅰ．①甘… Ⅱ．①张… ②张… ③魏… Ⅲ．①金属矿
床－甘肃－图集②稀土元素矿床－甘肃－图集 Ⅳ.
①P61-64

中国国家版本馆CIP数据核字(2023)第125636号

甘肃省典型矿床系列标本及光薄片图册　铁镍铜铅锌钨钼和稀土矿

张海峰　张学奎　魏学平　著

责任编辑　马婧怡
装帧设计　雷们起

出　版　甘肃科学技术出版社
社　址　兰州市城关区曹家巷 1 号　　730030
电　话　0931-2131575（编辑部）　　0931-8773237（发行部）

发　行　甘肃科学技术出版社　　　印　刷　兰州万易印务有限责任公司
开　本　787 毫米×1092 毫米　1/16　印　张　16.25　插　页 4　字　数　280 千
版　次　2023 年 9 月第 1 版
印　次　2023 年 9 月第 1 次印刷
印　数　1~3500
书　号　ISBN 978-7-5424-3085-4　　定　价：128.00 元

前　言

　　甘肃省金属矿产资源丰富，矿种类型齐全，许多矿种的储量在中国位居前列，新中国成立以来，甘肃省矿产资源的勘查与开发取得了较大的成绩，为甘肃省乃至国家的经济建设发挥了至关重要的作用。但在地域广阔的省国土上找寻类型众多的矿产资源之勘查过程中，往往需要地质人员付出极大的艰辛和努力。如何更好、更有效地勘查矿产资源成为地质工作者长期以来研究和攻关的方向。

　　勘查开发过程中形成了两种类型的成果，即资源储量和实物地质资料。准确的资源储量为资源开发提供了依据，可直接形成社会及经济效益。实物地质资料是在地质工作过程中形成的重要地质工作记录载体，更多地体现在档案价值和科研价值上。实物地质资料原始、客观地反映了地质体的原貌，是地质勘查过程不可或缺的重要依据。如何对实物地质资料中所蕴含的地质信息进行挖掘和提取，是实物地质资料工作中的一项重要工作内容。

　　甘肃地质博物馆是甘肃省的实物地质资料馆藏机构，一直以来秉持着"典型性、代表性、特殊性、系统性"的收藏原则，通过几十年的收藏与采集，现已基本形成覆盖全省，涵盖矿产、区调、科学研究等方面的实物地质资料馆藏资源体系构架。特别是在矿产方面，2014—2016 年实施的甘肃省基础地质调查类"甘肃省典型矿床岩矿石标本抢救性采集"项目，对甘肃省涉及金、铁、镍、铜、铅锌等矿种的18 个典型矿床进行了较为系统的岩矿石标本抢救性采集工作;2018—2019 年实施的

"甘肃省典型矿床系列标本及光薄片图册编著（金矿）"项目，对甘肃省的 10 个典型金矿床进行了较为系统的岩矿石标本采集工作。

2019—2020 年实施的"甘肃省典型矿床系列标本及光薄片图册编著（铁镍铜铅锌钨钼锑和稀土矿）"项目，选择甘肃省的铁、镍、铜、铅锌、钨、钼、锑、稀土等矿种，对甘肃省的黑色、有色、稀土金属共 9 个矿种的 12 个典型矿床，进行了较为系统的岩矿石标本采集工作，本次采集的标本与抢救性采集标本、金矿图册编著采集的标本，共同构建成甘肃省典型矿床标本资源体系。

已采集和入库的实物地质资料标本，是通过测制剖面、矿体追索等多种形式采集完成的，基本可全面覆盖与成矿关系较为密切的赋矿围岩、蚀变岩、矿体等主要地质体，可从成矿角度较为系统地恢复矿山的地质成矿条件。项目成果以图册的形式，将 9 个矿种、12 个代表性典型矿床标本及其相应的薄片、光片等图文并茂地展现出来，充分展示其所蕴含的地质信息，可供地质科研工作者、高校教学、社会科普活动参考使用。

本图册的出版，是甘肃省地质调查工作的一项重要成果，矿床的发现和勘查是无数常年奋战在野外一线地质工作者的智慧结晶，借此机会向所有地质工作者表示诚挚的敬意。由于时间仓促，本图册难免存在疏漏和不足之处，恳请读者给予包容和理解，提出宝贵意见。

编者

2020 年 11 月

目　录

第一章　绪　言

第一节　目的任务

本图册是在 2019 年第二批甘肃省基础地质调查项目"甘肃省典型矿床系列标本及光薄片图册编著（铁镍铜铅锌钨钼锑和稀土矿）"的经费支撑下完成的。

研究的目的任务为：

第一，系统收集甘肃省典型铁镍铜铅锌钨钼锑和稀土典型矿床（本项目选定的 12 个典型矿床）的地质勘查及科研成果资料，分析研究矿床的成矿地质背景、矿床特征、成矿规律、矿床成因、矿床成矿模式等，为本次图册的编著提供技术支撑。

第二，系统采集选定的典型矿床的岩矿石标本，对其进行宏观、微观研究，描述岩矿石的宏观、微观特征。

第三，编著《甘肃省典型矿床系列标本及光薄片图册（铁镍铜铅锌钨钼锑和稀土矿）》。

第四，制作与图册对应的科普展陈实物标本教具。

第二节　研究程度、研究现状及存在的问题

一、研究程度和研究现状

甘肃省的成矿条件优越，矿产资源丰富，矿种多，矿床类型较齐全。全省已查明储量的非能源矿产包括：①黑色金属矿产：铁、锰、铬、钒4种；②有色金属矿产：铜、铅、锌、镁、镍、钴、钨、锡、铋、钼、汞、锑12种；③稀有、稀土和分散元素矿产：铌、钽、铍、稀土、锗、铟、铊、镓、镉、硒、碲11种。

截至2009年底，列入《甘肃省矿产资源储量表》的固体矿产有93种，在已查明的矿产中，2018年全国占比排名，甘肃资源储量名列全国第一位的有镍、钴、铂族金属等10种，位居前5的有38种，居前10位的有74种。

本次工作涉及的黑色金属矿产为铁矿，有色金属矿产有铜、铅、锌、镍、钨、钼、锑7种，稀有、稀土和分散元素矿产有稀土矿。

从成矿空间（构造环境）上甘肃省涉及4大成矿域（Ⅰ级成矿区带），即古亚洲成矿域、秦—祁—昆成矿域、特提斯—喜马拉雅成矿域、滨西太平洋成矿域，涵盖8个成矿省单元（Ⅱ级），分别为准噶尔成矿省、塔里木陆块成矿省、阿尔金—祁连（造山带）成矿省、昆仑（造山带）成矿省、秦岭—大别（造山带）成矿省、巴颜喀拉—松潘（造山带）成矿省、华北（地台）成矿省、扬子成矿省。

从成矿时间上，甘肃省自中元古代至新生代都有重要矿产形成，是全国少有的各地质历史时期均有矿床分布的省份之一。据张新虎等人研究，全省各时期所形成的矿床在矿种方面无显著差异，但在矿床类型及其系列组合上却较为复杂，表现为

与其所处的地质背景、构造活动阶段密切相关，各矿床具有各自的成矿特点和演化趋势。

地质矿产的研究成果主要有《中国矿床发现史（甘肃卷）》《甘肃省区域成矿及找矿》（张新虎，2013）、《甘肃省矿产资源潜力评价》《甘肃省重要矿产区域成矿规律研究》（余超，2017）等。本项目选定的 12 个典型矿床的普查、详查报告、部分矿山的勘探报告及专题研究报告等。

典型矿床主要成果有《金川铜镍硫化物（含铂）矿床成矿模式及地质对比》（汤中立等，1995）、《甘肃镜铁山铁铜矿地质地球化学特征》（张作衡等，2017）、《甘肃厂坝—李家沟超大型铅锌矿床地质地球化学》（王义天等，2018）。这些成果在教学、科研和地质矿产工作中起到了很好的引领和示范作用，使甘肃省国土资源工作迈上了新的台阶。

全省典型矿床的研究近年来取得了较大的成果，通过系统总结国内外相关领域研究成果，对全省典型矿床式进行研究和归纳，划分了区域矿床成矿系列。这些成果是本项目标本采集、图册编著遴选典型矿床的主要工作依据，同时也是新时期典型矿床地学科普工作的理论支撑。

二、存在的问题

以往只重视找矿和成矿理论研究，没有科普任务，缺乏科普意识，所采集的标本未充分利用其进行成系列、有深度地科普。

以往的光薄片、标本图片及描述散述于各单项地质报告中，且部分报告或缺乏图片，更是没有实物标本，因此需要重新采集、归纳、整理、鉴定研究。这项工作既是科学研究，又具有科普的性质。而图册既可作为地质工作者研究矿床的工具书，又是地学业余爱好者了解甘肃矿床类型，认识矿石奥秘的科普读物，配套的标本是人们认识矿产资源的实物，最具直观性和可触摸感知性。

以往没有将全省典型黑色金属、有色金属、稀土矿等矿床标本、光薄片以及其地质特征汇集出版的资料性图册，故很有必要将全省典型矿床不同类型矿石标本的宏观、微观特征（结构、构造、矿物组成、变形变质特征及蚀变特征）、重要性等，用图片及说明文字的方式配合必要的矿区地质图件作全面与系统地整理。

第三节　图册入选矿床的筛选

　　本次工作矿床的遴选秉持"典型性、代表性、特殊性、系统性"的原则，能够从多方面反映矿床的地质特征及成因，能够表征全省的成矿地质条件和成矿特征。按照这一原则，矿床筛选从矿床规模、成因类型、成矿区带等方面综合考虑，根据甘肃省典型矿床的分布与成因类型，确定矿床筛选依据如下：①有代表性的重要矿种；②大型、超大型矿床；③代表性的重要矿种的主要工业类型；④不同成矿区带内代表性矿床；⑤其他具有重要特殊意义的矿床；⑥矿床能否采集到标本。

　　按不同成矿带，不同矿床成因，矿床在空间、时间上的分布及矿山生产情况等因素综合分析，选择铁（在甘肃乃至西北有一定的代表性），镍（全国排名首位），铜（全国排名第八），铅锌（全国排名第三），钨、钼、锑、稀土矿（四者在甘肃乃至西北有代表性），包括铁矿 2 个（镜铁山铁铜矿、狼娃山铁矿）、铜镍矿 1 个（金川铜镍矿）、铜矿 3 个（白银深部铜矿、白山堂铜矿、德乌鲁铜矿）、铅锌矿 2 个（厂坝铅锌矿、花牛山铅锌矿）、钨矿 1 个（小柳沟钨矿）、钼矿 1 个（温泉钼矿）、锑矿 1 个（崖湾锑矿）、稀土矿 1 个（干沙鄂博稀土矿），有 3 个矿床是共生矿，如金川、白银、镜铁山等。

　　选择矿种有铁、镍、铜、铅锌、钨、钼、锑、稀土矿计 9 个矿种、12 个矿床。所选择 12 个典型矿床研究程度较高、矿床类型典型，基本涵盖甘肃省的主矿种成矿带、主要矿床成因类型等。

　　这些矿山企业是甘肃省重要的矿产资源基地，对全省的矿业经济发挥着重要作用。

第四节　研究思路、研究内容

一、研究思路及技术路线

本图册在全面收集已选定的 12 个典型矿床已有勘查和研究资料的基础上，系统采集能够反映矿床的成矿地质背景、矿床特征、矿石特征、矿床成因等的岩矿石标本，着重进行矿石矿物的微观特征研究，挖掘和提取岩矿石标本中所蕴含的地质信息。

充分利用整合现有的各类资料，包括已实施的甘肃省典型矿床岩矿石标本抢救性采集项目成果。

深入剖析和领会地学的科学内涵，将地学研究成果转化成具有科普性的资料性图册。

充分利用工实物标本，将图册内描述的所有标本，以及光薄片的鉴定成果，制作科普展陈实物标本教具。

二、研究内容

系统收集甘肃省典型矿床 (本项目选定 12 个典型矿床) 的地质勘查及科研成果资料，分析研究矿床的成矿地质背景、矿床特征、成矿规律、矿床成因，矿床成矿模式等。

系统采集典型矿床的岩矿石标本 (采集的标本能够反映矿床的成矿地质背景、矿床特征、矿石特征)，对其进行全方位、多角度研究，描述岩矿石的宏观、微观特征。

以知识性、科学性为原则，编著本书，力求真实、直观地反映矿床地质特征、矿体特征、矿石特征。

第五节　主要成果

通过对《甘肃省典型矿床系列标本及光薄片图册（铁镍铜铅锌钨钼锑和稀土矿）》的编著，较系统地阐述了12个典型矿床的成矿地质背景、矿床地质特征、矿石特征、成矿模式、矿床标本简介、岩矿石光薄片图版及说明等内容，希望读者翻开本书犹如身临矿山。本书是一册比较全面介绍甘肃省典型矿床地质特征的参考资料。

采集的岩矿石标本较系统地反映了每个矿床的矿区地质特征、矿石特征、围岩蚀等特征，标本规格一般为3cm×6cm×9cm，标本装盒均制作有科普展陈标本教具，为甘肃省典型矿床的科普展陈提供了较翔实的实物资料。

通过对标本不同的截面磨制薄片进行鉴定，系统地描述了岩石的结构、构造、矿物成分、变形、蚀变和共生组合等特征，确定了岩石的名称。对矿石进行了光片鉴定，系统观察了矿石的结构、构造以及不透明矿物的组成、含量、矿物的赋存状态和生成顺序等。同时采用像素＞500万/英寸的摄像头，选择不同的视域，比对不同的明暗场和比例尺，拍摄出美观、清晰的显微照片，照片上均标注有矿物代号（如Py-黄铁矿），使读者能更直观地认识典型矿床岩矿石的微观特征。

第六节　参加人员及分工

"甘肃省典型矿床系列标本及光薄片图册编著（铁镍铜铅锌钨钼锑和稀土矿）"项目由甘肃省地质矿产勘查开发局第三地质矿产勘查院完成，张海峰任项目负责，陈耀宇、刘伯崇任技术指导，参与图册编著的人员有张海峰、张学奎、魏学平、蒲万峰、刘龙、马涛、金黎红。

本图册第一章、第二章、第三章、第六章、第九章由张海峰编写，第四章、第五章由张学奎编写，第七章、第八章由张海峰、蒲万峰编写，第七章由马涛、金黎红编写，图册中标本镜下显微照片拍摄及其标本微观特征描述等由魏学平完成，磨片由刘生俊完成，标本照片的拍摄、图册中插图的绘制由金黎红完成，标本采集由张海峰、金黎红、彭措、晏齐胜、邓鹏完成。

书稿统筹工作由张海峰、张学奎、魏学平完成。

第二章　铁　矿

第一节　矿种介绍

　　铁是一种金属元素，原子序数 26，铁单质化学式是 Fe。纯铁是白色或者银白色的，有金属光泽。熔点为 1538℃、沸点为 2750℃，能溶于强酸和中强酸，不溶于水。铁有 0 价、+2 价、+3 价和 +6 价，其中 +2 价和 +3 价较常见，+6 价少见。

　　铁的分布较广，占地壳含量的 4.75%，仅次于氧、硅、铝，位居地壳含量第四。纯铁是柔韧且延展性较好的银白色金属，用于制作发电机和电动机的铁芯。铁及其化合物还用于制作磁铁、药物、墨水、颜料、磨料等，是工业上所说的"黑色金属"之一（另外两种是铬和锰）（其实纯净的生铁是银白色的，铁元素被称为"黑色金属"是因为铁表面常常覆盖着一层主要成分为黑色四氧化三铁的保护膜）。另外人体中也含有铁元素，+2 价的亚铁离子是血红蛋白的重要组成成分，用于氧气的运输。

　　生产生活中主要使用的铁矿物有：赤铁矿（Fe_2O_3）、磁铁矿（Fe_3O_4）、菱铁矿（$FeCO_3$）、黄铁矿（FeS_2）。

　　甘肃省铁矿资源丰富，主要分布在北山、祁连山、西秦岭地区，成因类型主要分为五种，即沉积变质型、沉积型、接触—交代热液型、岩浆热液型、海相火山岩型。

　　1. 沉积变质型铁矿

　　该类型铁矿占全省铁矿累计查明资源储量的 77.26%，是全省铁矿最重要的成因类型。主要分布在祁连山地区，其次分布于北山地区。典型矿床为镜铁山铁矿。

2. 沉积型铁矿

该类型铁矿占全省铁矿累计查明资源储量的19%，主要分布在甘南地区。典型矿床为黑拉铁矿和当多铁矿。

3. 接触—交代热液型

该类型铁矿主要分布在西秦岭成矿带。典型矿床为美仁铁矿。

4. 岩浆热液型

该类型铁矿主要分布在龙首山地区。典型矿床为窑泉铁矿。

5. 海相火山岩型

该类型铁矿占全省铁矿累计查明资源储量的2.13%。主要分布在北山地区。典型矿床为狼娃山铁矿。

铁矿成矿作用主要受控于大型构造—岩浆带、大型变形构造带和各类变质变形带的发展演化及相互叠加作用，地壳变形剧烈，岩浆作用极为强烈。多阶段、多旋回构造运动极其强烈的岩浆活动等，造就了甘肃铁矿多成因、多期次的成矿作用特点和良好的地质条件。其成矿时代为：

（1）前加里东期

基底发展阶段。在敦煌地块、马鬃山地块、中祁连山微地块和龙首山断隆带等地区出露结晶基底变质岩系，在北山、祁连山和西秦岭等地区出露褶皱基底沉积、火山—沉积变质地层，地壳变形强烈。在中祁连、龙首山、敦煌地块、中南秦岭形成沉积变质型铁矿。

（2）加里东期

造山演化阶段。是甘肃主造山阶段，北山、祁连、龙首山均有强烈表现。奥陶纪前表现为基底裂解期，奥陶纪为板块主俯冲期，志留纪为造山后残留盆地演化期。相应在北山、祁连、龙首山等地广泛发育沉积型、变质型、火山沉积型的铁矿。

（3）华力西期

陆表沉积演化阶段。陆表海或海陆交互相沉积发育，局部伴随裂谷和裂陷槽沉积环境。北山见于明水和红石山北岩浆弧，敦煌发育于红柳园裂谷，祁连主见于走廊区和南祁连，该阶段岩浆侵入活动进入第二高峰期，相应在西秦岭、北山、祁连广泛发育与沉积作用、侵入及火山活动有关的铁矿。

（4）印支—燕山期

上叠盆地发展阶段。在中南秦岭被动陆缘、走廊断陷盆地、红柳园裂谷局部夹有陆相中基性、酸性火山岩。西秦岭侵入活动强烈，普遍发育与岩浆活动和沉积作用有关的矽卡岩型铁矿。

（5）喜山期

在西秦岭东段沿沉积构造带形成淋滤型铁矿。

第二节　矿床介绍

一、沉积变质型铁矿——肃南县镜铁山铁矿

（一）成矿地质背景

大地构造单元属于秦祁昆复合板块之祁连山加里东褶皱带，山脉走向与主要构造线方向同为北西西向。矿区地处中祁连隆起带西段的桦树沟—斑赛尔山复背斜中。西跨敦煌地块，南邻南祁连褶皱带，北与北祁连褶皱带相接。

含矿岩系为蓟县纪镜铁山群下岩组，铁矿层为黑褐色条带状镜铁矿、菱铁矿夹碧玉、千枚岩，赋存于桦树沟、黑沟复式向斜内的蓟县纪下岩组的千枚岩系上部。蓟县纪镜铁山群含矿岩系在区域上呈北西展布，具沉积控矿的特点，含矿岩系为一套浅变质岩系，变质带为绢云母—绿泥石带，变质相属绿片岩相，原岩建造为含铁复理式碎屑岩建造。

（二）矿体特征

镜铁山铁矿包括桦树沟铜铁矿和黑沟铁矿。

桦树沟矿区矿体分布与区域和矿区构造方向一致，呈北西—南东向展布，总体构造线走向为310°。以F12断层为界，将桦树沟矿区划分为东矿段和西矿段（图2-1）。东矿段为向斜构造的翘起部位，地表矿体出露宽度大、矿体剥蚀较深，地形较低，矿体埋深较浅。在强烈地褶皱构造作用下，使同一层矿在复式向斜中重复出现而形成7条矿带。Ⅰ、Ⅱ矿带：总长度约2000m。Ⅰ矿带厚60~150m，斜深280~385m；Ⅱ矿带厚50~70m，斜深200~400m。Ⅲ、Ⅳ矿带：位于Ⅱ矿带的

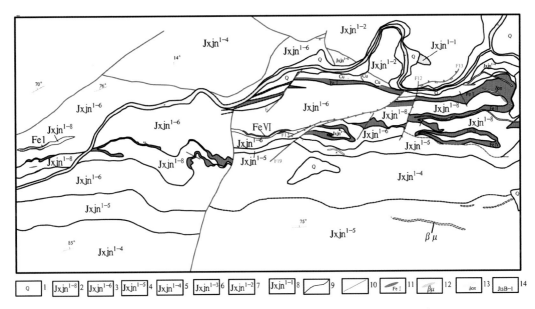

图 2-1 肃南县镜铁山铁铜矿矿区地质图（于国立，2013）

1- 第四系；2- 蓟县纪镜铁山群下岩组第八层黑灰色千枚岩；3- 蓟县纪镜铁山群下岩组第六层灰绿色绿泥石英绢云母千枚岩；4- 蓟县纪镜铁山群下岩组第五层钙质千枚岩；5- 蓟县纪镜铁山群下岩组第四层碳质千枚岩；6- 蓟县纪镜铁山群下岩组第三层石英硅质千枚岩；7- 蓟县纪镜铁山群下岩组第二层灰白色石英岩；8- 蓟县纪镜铁山群下岩组第一层杂色千枚岩；9- 整合地质界线；10- 逆断层；11- 铁矿体及编号；12- 辉绿岩脉；13- 石英闪长斑岩脉。

南部，矿带长 860m，矿层厚 15~45m，斜深 30~130m。Ⅴ矿带为Ⅰ矿带的西延部分，矿体长 1100m，平均厚度 39.3m，最大厚度 101m，最大斜深 650m。矿体呈似层状产出，走向 303°，在 10 线以西转为 315°，倾向南西，倾角 65°，局部近于直立或倾向北东，总体属陡倾斜矿体，构成主向斜北翼。Ⅴ矿带东段，矿体长 200m，厚 40m，斜深 230m。Ⅵ—Ⅶ矿带构成一个倒转向斜的构造，Ⅵ矿带为向斜北翼，为正常翼，走向 305°，倾向南西，倾角 20°~40°；Ⅶ矿体为向斜南翼，是倒转翼，走向 320°，倾向南西，倾角 50°~70°；Ⅵ矿带长度 > 400m，厚度 35~57m，斜深 80~145m；Ⅶ矿带长度 > 510m，厚度 20~72m，斜深 110~160m，Ⅶ矿带西段因褶皱使矿层重复，厚度加大。

铜矿产于 FeⅠ矿体底部及下盘千枚岩中，与 FeⅠ矿带矿体产状一致。2640m 标高以上共圈定铜矿体 9 个，其中主矿体 CuⅠ长度 1010m，延深 200~510m，厚 0.93~51.21m，平均厚 10.53m。铜品位 0.20%~29.40%，平均 1.96%；CuⅡ长度

400m，延深240~600m，厚0.48~19.65m，平均厚4.17m。铜品位0.20%~15.00%，平均1.33%。

黑沟矿区位于桦树沟复向斜东南端，矿体为厚层状，产于黑色千枚岩与灰绿色千枚岩之间，见主矿体一层，并构成闭合的向斜构造，两翼次一级褶皱发育，使得矿层局部加厚（图2-2、图2-3）。矿层总的走向为300°，东西延长1410m，其中北翼矿体倾角45°~65°，矿体厚55~117m，平均厚83m，斜深230~320m，南翼矿体倾角70°~85°，部分近于直立，地表微向南西倒转，矿层厚55~155m，平均厚105m，斜深106~225m。在主矿体上、下围岩中尚夹有一些小的透镜状铁矿体，为矿区内次要矿体。这类矿体在向斜南翼分布较多，矿体一般厚1~7m，个别可达22m，延长数十米至数百米，延深数十米至数百米。铁矿石品位TFe为30%~55%，平均为36.14%。

图2-2　镜铁山矿区黑沟铁矿3820m中段地表采场

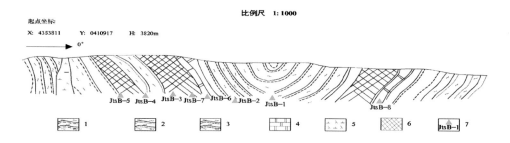

图2-3　镜铁山矿区黑沟铁矿3820m中段地表采场标本采集位置示意剖面图

1-灰绿色千枚岩；2-黑灰色千枚岩；3-灰白色千枚岩；4-铁白云石岩；5-闪长玢岩；6-镜铁矿矿体；7-标本采集位置及编号。

（三）矿石特征

铁矿石中主要铁矿物为菱铁矿、镜铁矿、褐铁矿，有少量黄铁矿。脉石矿物有碧玉、石英、铁白云石、重晶石及少量绢云母、绿泥石。

铜矿石金属矿物主要为黄铜矿，次为辉铜矿、黄铁矿、菱铁矿、镜铁矿、赤铁矿、孔雀石及少量黝铜矿、斑铜矿、褐铁矿、铜蓝等，脉石矿物主要为石英（碧玉）、铁白云石、方解石、绢云母、重晶石、绿泥石等。

矿石结构有鳞片细粒变晶结构、微晶细粒结构、它形粒状结构。

矿石构造有块状构造、条带状构造、似条带状构造、浸染条带状构造、角砾状构造、不规则脉状构造。

矿石类型铁矿划分为碧玉镜铁矿石、碧玉菱铁矿石、碧玉菱铁矿´、镜铁矿矿石、碧玉镜铁矿菱铁矿矿石和碧玉褐铁矿矿石 5 种类型；铜矿石类型有含铁碧玉岩型铜矿石、蚀变千枚岩型铜矿石 2 种。

（四）矿床成因与成矿模式

矿床为产于中元古界蓟县纪镜铁山群陆源碎屑岩夹碳酸沉积建造中，属典型的 Sedex 型铁矿床（以沉积岩容矿的喷流沉积矿床）（图 2-4）。①成矿物质来源：对镜铁矿、碧玉、菱铁矿及石英的氢、氧同位素研究，该铁矿床以岩浆水或

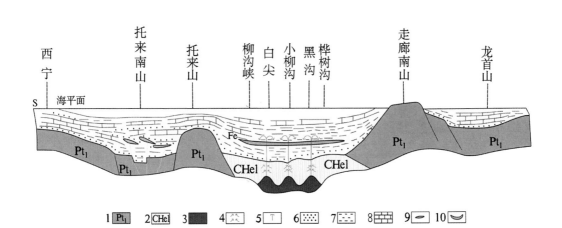

图 2-4　镜铁山铁矿成矿沉积模式示意图（刘升有等，2011）

1- 古元古界；2- 长城系朱龙关群；3- 壳幔熔体热源区；4- 朱龙关群铁质吸取区；5- 含铁热液喷流区；6- 砂岩（石英岩）；7- 泥质岩（千枚岩）；8- 碳酸盐岩（白云质大理岩）；9- 铁矿层；10- 中基性侵入岩。

深源流体为主，有少量下渗海水的混入。②硫的来源：矿石中重晶石的 $\delta 34S$ 值分布范围为 19.7‰~33.6‰，平均为 29.1‰，显示出非常高的 $\delta 34S$ 值，是典型的海水硫酸盐建造，表明矿床形成于开放盆地中，这种盆地与开放海之间的海水能自由交换。当含金属溶液与海水混合时，沉积环境 fo2 和 Ph 值迅速变化，从而使硫化物的 $\delta 34S$ 值变化于 9.32‰~16.7‰，平均 13.3‰。千枚岩中黄铁矿 $\delta 34S$ 变化于 8.1‰~14.0‰，平均 12‰，判断其硫的来源以海水硫酸盐还原硫为主，但有幔源硫加入。③碳的来源：矿石中菱铁矿、白云石的 $\delta 13C$ 值主要集中于 5.4‰~8.7‰范围内，表明成矿流体中的碳以深源为主，也有少量来源于海相沉积。④成矿金属来源：镜铁山铁矿中铁和钡等金属物质堆积的形成，必须具备长期而又稳定的矿源。鉴于镜铁山群覆于朱龙关群中的中基性、超基性岩极为发育，在其火山碎屑沉积岩中有以硅质岩、铁白云石、磁铁矿相间发育为特征的铁矿化。根据铅同位素分析，条带状铁建造中黄铁矿单矿物的铅均属正常铅，且同位素组成变化范围较小（206Pb/204Pb=16.755~17.177，207Pb/204Pb=15.428~15.443，208Pb/204Pb=36.305~36.722）。表明铅的来源较为单一。⑤成矿温度与压力：镜铁山铁矿和碧玉的成矿平均温度为 400℃，成矿压力的计算值为（5~170）MPa。

（五）标本采集简述

镜铁山铁矿区共采集岩矿石标本共 13 块（表 2-1），其中矿石标本 7 块，围岩标本 6 块。矿石标本岩性为灰色块状碧玉岩型条带状镜铁矿矿石、红褐色含赤铁矿铁质硅质泥岩、碧玉岩型镜铁矿赤铁矿矿石、灰色条带状赤铁矿化白云岩、碧玉岩型黄铁矿黄铜矿矿石、绢云石英千枚岩型黄铜矿矿石、石英岩脉型黄铜矿矿石。岩石标本岩性为含千枚状白云母白云石大理岩、深灰色赤铁矿化白云绢云母千枚岩、紫红色条带状碧玉岩、浅灰色微晶白云岩、浅灰绿色黄铜矿化绿泥石绢云母千枚岩、灰白色粗粒重晶石岩。本图册采集的标本基本涵盖了镜铁山铁矿不同类型的矿石类型、围岩的标本，较全面地反映了 Sedex 型铁矿床的地质特征。

表 2-1　镜铁山铁矿采集典型标本

序号	标本编号	标本岩性	标本类型	薄片编号	光片编号
1	JtsB-1	浅灰绿色千枚状含白云母白云石大理岩	围岩	Jtsb-1	
2	JtsB-2	深灰色赤铁矿化白云石绢云母千枚岩	围岩	Jtsb-2	
3	JtsB-3	灰色块状碧玉岩型条带状镜铁矿矿石	矿石	Jtsb-3	Jtsg-1
4	JtsB-4	红褐色含赤铁矿铁质硅质泥岩	矿石	Jtsb-4	Jtsg-2
5	JtsB-5	碧玉岩型镜铁矿赤铁矿矿石	矿石	Jtsb-5	Jtsg-3
6	JtsB-6	灰色条带状赤铁矿化白云岩	矿石	Jtsb-6	Jtsg-4
7	JtsB-7	紫红色条带状碧玉岩	围岩	Jtsb-7	
8	JtsB-8	浅灰色微晶白云岩	围岩	Jtsb-8	
9	JtsB-9	浅灰绿色黄铜矿化绿泥石绢云母千枚岩	围岩	Jtsb-9	
10	JtsB-10	碧玉岩型黄铁矿黄铜矿矿石	矿石	Jtsb-10	Jtsg-5
11	JtsB-11	绢云石英千枚岩型黄铜矿矿石	矿石	Jtsb-11	Jtsg-6
12	JtsB-12	石英岩脉型黄铜矿矿石	矿石	Jtsb-12	Jtsg-7
13	JtsB-13	灰白色粗粒重晶石岩	围岩	Jtsb-13	

注：表中标本编号采用矿区名称汉语拼音首字母，如镜铁山 Jts，B 代表标本，b 代表薄片，g 代表光片。下同。

（六）岩矿石标本及光薄片图版说明

照片 2-1　JtsB-1

浅灰绿色千枚状含白云母白云石大理岩：鳞片粒状变晶结构，略显定向构造。岩石的表面具丝绢光泽，岩石的组分为白云母、白云石和矿化石英岩脉体等，分布不均匀，常富集成 <0.05mm 宽的断续条纹，岩石易沿该条纹裂开，因而岩石断面具丝绢光泽。纵横交错的矿化石英岩脉体宽 0.05~1.0mm，脉体石英变形强烈，显然脉体的就位早于岩石的主变形期，矿化金属矿物以黄铜矿为主。

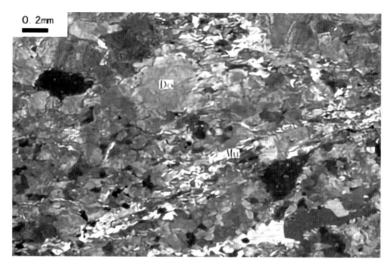

照片 2-2　Jtsb-1

　　含白云母白云石大理岩：鳞片粒状变晶结构，略显定向构造。白云石（Do 83%）和白云母（Mu 4%）为主要组分。白云石从自形菱面体到不规则的它形粒状均有，部分晶体轻微破碎，粒径 0.1~1.5mm，彼此的接触面从平直到凹凸状均有，长轴略显定向；白云母鳞片多富集成断续状条纹，该条纹与白云石的长轴定向一致。石英脉体纵横交错状分布，脉体石英（Q）变形强烈。（正交）

照片 2-3　JtsB-2

　　深灰色赤铁矿化白云石绢云母千枚岩：鳞片粒状变晶结构，千枚状构造，岩石由变晶矿物和金属矿物等组成，裂开面略显丝绢光泽。新生矿物包括绢云母、石英和白云石等。绢云母呈鳞片状；石英多为它形粒状，粒径细小。金属矿物均为微粒状，依据岩石的条痕应属赤铁矿。各类组分分布不均匀，具成分差异的渐变条带。矿物的长轴和集合体的长轴具明显的定向性，构成该岩石的主期面理为千枚理，千枚理与岩石的成分条带一致。

照片 2-4　Jtsb-2

　　赤铁矿化白云石绢云母千枚岩：微鳞片粒状变晶结构，条带状构造，千枚状构造。石英（Q 10%）、白云石（Do 33%）、绢云母（40%）和赤铁矿（17%）为岩石组分。石英多为 0.02~0.045mm 的它形粒状，个别近等轴粒状；白云石 0.02~0.15mm，粒径越粗大，晶形相对越规则；绢云母鳞片为致密状集合体。赤铁矿均为 0.02~0.04mm 的微粒状。岩石具成分差异的渐变条带（赤铁矿含量较高的条带颜色明显较深），该条带与千枚理一致。（正交）

照片 2-5　JtsB-3

碧玉岩型条带状镜铁矿矿石：紫红色，隐晶—微粒状结构，不连续条带状构造，岩石由金属矿物和脉石矿物组成，金属矿物为单一的镜铁矿。观察标本的新鲜断面，镜铁矿的含量在 35% 左右，镜铁矿分布不均匀，形成 1~3.5mm 宽横向相对连续的渐变条带。脉石矿物组分包括自生石英、玉髓和隐晶状泥铁质等，穿插断续状的石英白云石脉体。

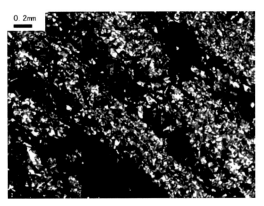

照片 2-6　Jtsb-3

碧玉岩型条带状镜铁矿矿石：隐晶—微粒状结构，不连续条带状构造。脉石矿物主要包括自生石英（Q 45%）、玉髓（5%）和隐晶状泥铁质等。自生石英以不规则的近等轴它形粒状为主，少量近糖粒状，粒径 0.02~0.04mm；玉髓为隐晶状集合体和球粒状集合体。质点状泥铁质集合体不均匀的分布在石英晶体内外和玉髓集合体内外，矿石的透光性较差。矿石整体具成分和颜色差异的不连续条带。（正交）

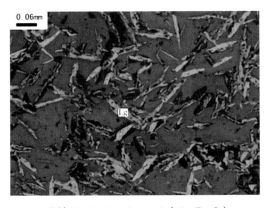

照片 2-7-1　Jtsg-1（JtsB-3）
单偏光

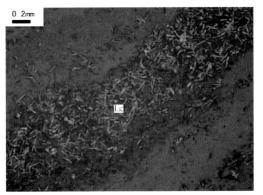

照片 2-7-2　Jtsg-1（JtsB-3）
单偏光

碧玉岩型条带状镜铁矿矿石：板条状结构，渐变条带状构造。镜铁矿（Lg 35%）以较规则的板条状为主（照片 2-7-1），个别近针状，长轴在 0.03~0.25mm，灰白微带蓝白反射色。镜铁矿在矿石中分布不均匀，形成 1~3.5mm 宽横向相对连续的渐变条带（照片 2-7-2），该条带中镜铁矿晶体杂乱分布。

照片 2-8　JtsB-4

含赤铁矿铁铁质硅质泥岩：红褐色，隐晶状结构，块状构造，岩石由金属矿物和脉石矿物组成，金属矿物为单一的赤铁矿，含量近5%，多为不规则微粒状，相对均匀分布。脉石矿物组分为含铁的泥质和硅质等，岩石中发育纵横交错的石英岩脉，宽 0.03~0.5mm，脉体横向延伸弯曲状，同时明显渐变，脉体壁凹凸不平，具有交代成因特征。

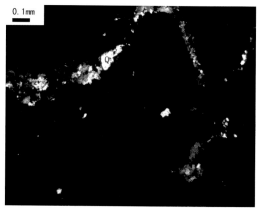

照片 2-9　Jtsb-4

含赤铁矿铁质硅质泥岩：隐晶状结构，块状构造。该岩石除纵横交错的石英岩脉体外，主要为无光性的隐晶状集合体，结合红褐色调、低硬度和土状断口等物理特征推测主体组分为泥质、硅质和铁质等。石英脉体弯曲状，脉宽横向延伸明显渐变，脉体边缘凹凸不平，具有交代成因的特征。脉体石英（Q）晶面亮净。（正交）

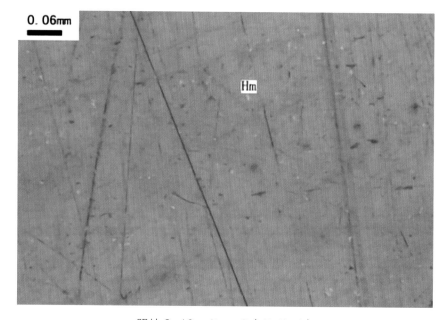

照片 2-10　Jtsg-2（JtsB-4）

含赤铁矿铁质硅质泥岩：微粒状、尘埃状结构，浸染状构造。赤铁矿（Hm 5%）均为 < 0.02mm 的不规则微粒状或尘埃状，多较均匀分布，局部彼此衔接。（单偏光）

照片 2-11　JtsB-5

碧玉岩型镜铁矿赤铁矿矿石：微粒状结构，团块—渐变条带状构造，岩石由金属矿物和脉石矿物组成，金属矿物以赤铁矿为主，其次为粒径明显粗大的镜铁矿，赤铁矿含量约30%，镜铁矿约5%。赤铁矿和镜铁矿分布不均匀，常彼此相互富集，构成具成分差异的弥散状团块或渐变条带，团块的大小和条带的宽度均存在差异。脉石组分为简单的石英和隐晶状泥铁质等。

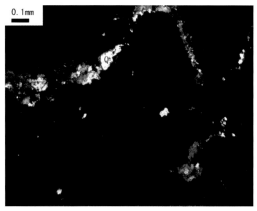

照片 2-12　Jtsb-5

碧玉岩型镜铁矿赤铁矿矿石：微粒状结构，团块—渐变条带状构造。脉石矿物为石英（Q 61%）和隐晶状泥铁质等，具成分差异的团块和渐变条带。石英为棱边较平直的近等轴粒状、糖粒状和不规则它形粒状，粒径0.02~0.08mm，隐晶状泥铁质不均匀的分布在石英的晶体内和晶体粒间，晶面略脏，石英晶体彼此紧密镶嵌，接触面多较平直，长轴无定向性。（正交）

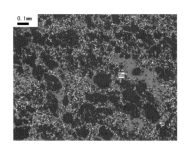

照片 2-13-1
Jtsg-3（Jtsb-5）
（单偏光）

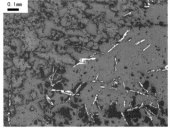

照片 2-13-2
Jtsg-3（Jtsb-5）
（单偏光）

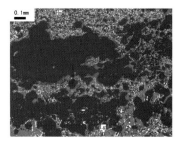

照片 2-13-3
Jtsg-3（Jtsb-5）
（单偏光）

碧玉岩型镜铁矿赤铁矿矿石：板条状、微粒状结构，弥散状团块—渐变条带状构造。金属矿物以微粒状赤铁矿（Hm 30%）（照片 2-13-1）为主，其次为板条状的镜铁矿（Lg 5%）（照片2-13-2），二者的粒径分别为 0.015~0.025mm 和 0.05~0.3mm。赤铁矿和镜铁矿常相互富集，构成具成分差异的弥散状团块或渐变条带（照片 2-13-3）。

照片2-14　JtsB-6

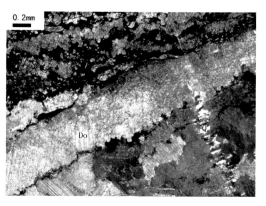

照片2-15　Jtsb-6

条带状赤铁矿化白云岩：不等粒结构，渐变条带状构造，岩石由白云石、赤铁矿、隐晶状泥铁质和规模差异的石英岩脉体组成，标本较致密。赤铁矿和大小不等的白云石分布不均匀，构成具成分和粒径差异的渐变条带，条带宽0.1~3.0mm，赤铁矿富集的条带色相对较深，白云石的晶体长轴平行该条带。

石英脉体宽0.1~2.0mm，脉体纵横交错，脉体的形成早于变形期。

条带状赤铁矿化白云岩：不等粒结构，渐变条带状构造。白云石（Do 84%）、赤铁矿和隐晶状泥铁质为岩石组分，具成分和粒径差异的渐变条带。白云石为粒状、柱状和近菱面体状，粒径0.1~2.5mm，大部分晶体内和晶体粒间包含不等量的赤铁矿和隐晶状泥铁质，多晶面较脏，明显波带状消光。岩石局部穿插规模差异的石英脉体，脉体石英（Q）变形强烈，形成早于变形期。（正交）

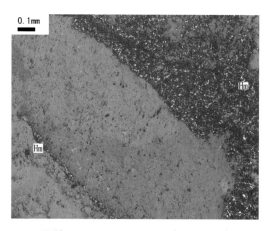

照片2-16-1　Jtsg-4（JtsB-6）
（单偏光）

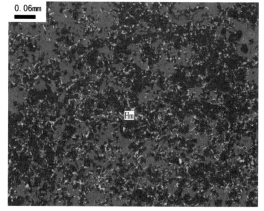

照片2-16-2　Jtsg-4（JtsB-6）
（单偏光）

条带状赤铁矿化白云岩：微粒状结构，渐变条带状构造。赤铁矿（Hm 15%），均为不规则微粒状，粒径仅在0.02~0.04mm，分布不均匀，形成0.1~3.0mm宽贫富差异明显的渐变条带（照片2-16-1），富集条带中大部分晶体彼此衔接形成致密程度差异的集合体（照片2-16-2）。

照片 2-17　JtsB-7

　　紫红色条带状碧玉岩：隐晶—微粒状结构，渐变条带状构造，岩石由自生石英、玉髓和隐晶状铁质氧化物等组成，纵横交错的石英岩脉体发育。岩石中可见成分和颜色差异的渐变条带，宽约 0.5~3.5*mm*，石英岩脉体宽 0.05~0.5*mm*，脉体横向弯曲状。

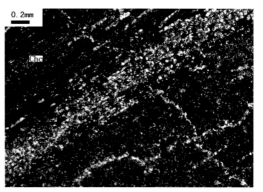

照片 2-18　Jtsb-7

　　条带状碧玉岩：隐晶—微粒状结构，渐变条带状构造。自生石英（*Q* 20%）、玉髓（*Chc* 45%）和隐晶状铁质氧化物（31%）为岩石组分，穿插纵横交错的石英脉体。自生石英为近等轴粒状和它形粒状，粒径仅 0.015~0.045*mm*；玉髓为隐晶状和球粒状集合体。质点状铁质氧化物分布在自生石英的晶体内外和玉髓集合体内外。岩石具成分和颜色差异的渐变条带，在铁质的高含量条带中透光性很差。（正交）

照片 2-19　JtsB-8

　　浅灰色微晶白云岩：微晶结构，块状构造，该岩石的组成矿物为单一的白云石，岩石与盐酸基本不反应。岩石中穿插矿化石英岩脉体。岩石中纵横交错的矿化石英岩脉体宽 0.1~0.5*mm*，脉体横向不连续，结合标本观察，伴生金属矿物以黄铜矿为主。

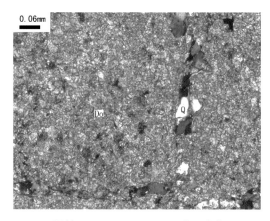 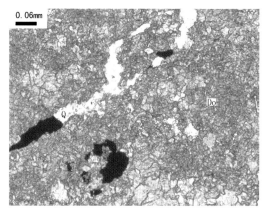

照片 2-20-1　Jtsb-8（正交）　　　　照片 2-20-2　Jtsb-8（单偏光）

　　微晶白云岩：微晶结构，块状构造。白云石（Do 92%）以它形粒状为主，少量为较自形的菱面体或具菱面体轮廓，粒径主要介于 0.015~0.03mm，部分晶体内和晶体粒间含有微量的质点状泥质物。白云石晶体彼此紧密镶嵌，长轴无定向性（照片 2-20-1）。纵横交错的矿化石英岩脉体横向不连续（照片 2-20-2），脉体石英的晶面多亮净。

照片 2-19　JtsB-8

　　浅灰色微晶白云岩：微晶结构，块状构造，该岩石的组成矿物为单一的白云石，岩石与盐酸基本不反应。岩石中穿插矿化石英岩脉体。岩石中纵横交错的矿化石英岩脉体宽 0.1~0.5mm，脉体横向不连续，结合标本观察，伴生金属矿物以黄铜矿为主。

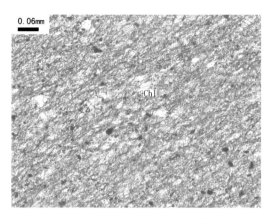 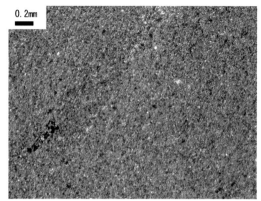

照片2-22-1　Jtsb-9（单偏光）　　　　照片2-22-2　Jtsb-9（正交）

　　黄铜矿化绿泥石绢云母千枚岩：微鳞片变晶结构，千枚状构造。岩石的变质程度较低，由粒径细小的绿泥石（Chl 37%）、绢云母（49%）、白云石（8%）、石英（4%）和矿化金属矿物等组成。绿泥石和绢云母多相互构成致密状集合体，绿泥石集合体显浅草绿色（照片2-22-1）；白云石和石英以它形粒状为主，粒径均＜0.035mm。各类矿物的长轴和集合体的长轴明显定向，构成千枚理（照片2-22-2）。

照片2-23　JtsB-10

　　碧玉岩型黄铁矿黄铜矿矿石：微粒状结构，块状构造。该矿石的岩石类型为碧玉岩，组成矿物包括石英、白云石和隐晶状泥铁质等。矿石中的金属矿物为黄铜矿和黄铁矿，黄铜矿含量约9%，黄铁矿含量约16%，黄铁矿从自形粒状至它形粒状均有，自形晶体的棱边平直，具规则的三角形、正方形和多边形切面，粒径介于0.03~0.8mm，大小连续。黄铜矿以半自形及它形粒状为主，可区分单晶者粒径在0.03~0.5mm。大部分的黄铁矿和黄铜矿在矿石中常紧密伴生，构成宽度不等、横向延伸不稳定且致密程度差异较大的枝脉状集合体。

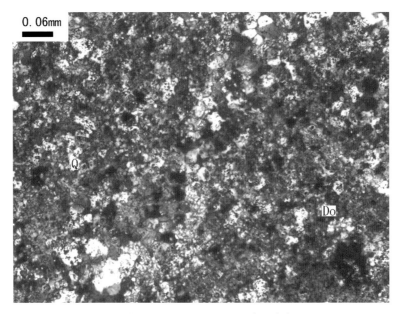

照片 2-24-1　Jtsb-10（正交）

照片 2-24-2　Jtsb-10（正交）

　　碧玉岩型黄铁矿黄铜矿矿石：微粒状结构，块状构造。脉石矿物为石英（Q）、白云石（Do）和隐晶状泥铁质等，石英从近等轴粒状至它形粒状均有，粒径 0.02~0.04mm；白云石以它形粒状为主，粒径仅 0.015~0.035mm，石英和白云石晶体内均富含尘埃状的泥铁质集合体，晶面多浑浊（照片 2-24-1），大小不等的石英和白云石基本均匀分布，彼此紧密镶嵌。矿化白云石石英岩脉体将原岩切割成大小不等的棱角状团块或条带（照片 2-24-2），脉体石英（Q）和白云石（Do）的晶面亮净且粒径明显粗大。

照片 2-25-1　Jtsg-5（Jtsb-10）

（单偏光）

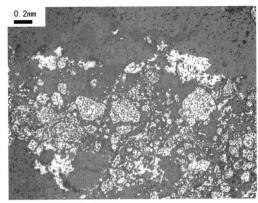

照片 2-25-2　Jtsg-5（Jtsb-10）

（单偏光）

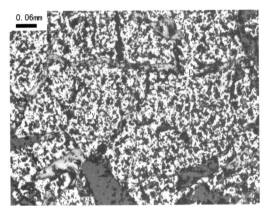

照片 2-25-3　Jtsg-5（Jtsb-10）

（单偏光）

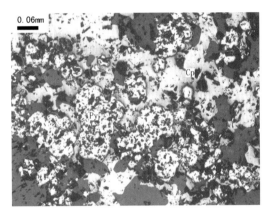

照片 2-25-4　Jtsg-5（Jtsb-10）

（单偏光）

碧玉岩型黄铁矿黄铜矿矿石：粒状结构，交代、包含结构，不连续枝脉状构造。金属矿物为黄铜矿（Cp 9%）和黄铁矿（Py 16%）。黄铁矿为自形程度差异的粒状，自形晶体具三角形、正方形和多边形切面（照片 2-25-1），粒径 0.03~0.8mm。黄铜矿具铜黄色反射色，0.03~0.5mm 的半自形及它形粒状。黄铁矿和黄铜矿常紧密伴生，构成宽度不等、横向延伸不稳定且致密程度差异的枝脉状集合体（照片 2-25-25）。黄铜矿以微脉状集合体交代黄铁矿（照片 2-25-3），部分黄铁矿被黄铜矿集合体包裹（照片 2-25-4），黄铜矿的形成明显晚于黄铁矿。

照片 2-26　JtsB-11

　　绢云石英千枚岩型黄铜矿矿石：微鳞片粒状变晶结构，千枚状构造，该矿石的岩石类型为绢云母石英千枚岩，岩石由金属矿物和脉石矿物组成，脉石矿物包括石英、绢云母和微量碳质残余物等，绢云母和石英的长轴明显定向构成千枚理。金属矿物包括黄铜矿和微量黄铁矿，黄铜矿含量约 26%，黄铁矿微量，金属矿物富集成 0.1~10mm 宽的断续脉状或近网脉状，规模差异的黄铜矿石英岩脉体纵横穿插切割千枚岩。

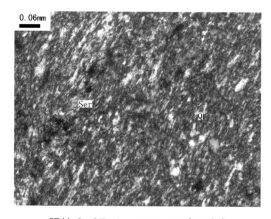

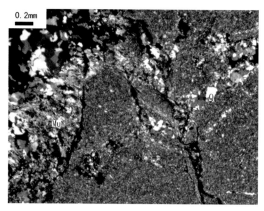

照片 2-27-1　Jtsb-11（正交）　　　　　照片 2-27-2　Jtsb-11（正交）

　　绢云石英千枚岩型金矿石：微鳞片粒状变晶结构，千枚状构造，脉石矿物包括石英（Q）、绢云母（Ser）和碳质残余物等，石英为 0.015~0.04mm 的它形粒状；绢云母鳞片的长轴以 0.015~0.035mm 为主，碳质残余物基本均匀分布。绢云母和石英的长轴明显定向构成千枚理（照片 2-27-1）。规模差异的黄铜矿石英脉体切割千枚理（照片 2-27-2），脉体石英近等轴粒状和板条状，粒径以 0.03~0.3mm 为主；微量白云母（Mu）鳞片状。

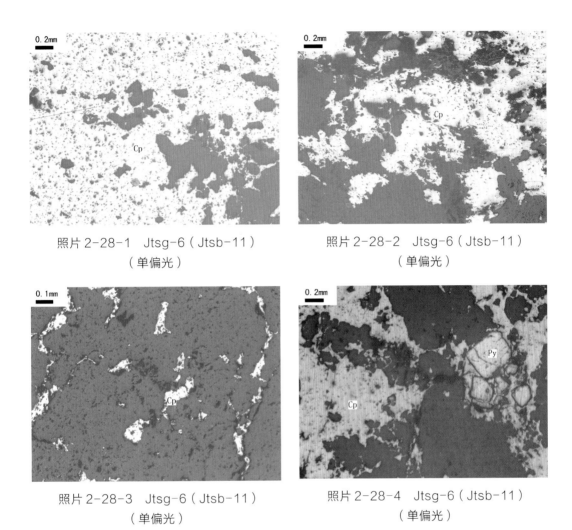

照片 2-28-1　Jtsg-6（Jtsb-11）
（单偏光）

照片 2-28-2　Jtsg-6（Jtsb-11）
（单偏光）

照片 2-28-3　Jtsg-6（Jtsb-11）
（单偏光）

照片 2-28-4　Jtsg-6（Jtsb-11）
（单偏光）

绢云石英千枚岩型黄铜矿矿石：粒状结构，包含结构，近网脉状—断续脉状构造。金属矿物为黄铜矿（Cp 26%）和微量黄铁矿（Py），黄铜矿多彼此衔接或紧密镶嵌，常构成 0.1~10.0mm 宽且致密程度不同的脉状（照片 2-28-1）或近网脉状（照片 2-28-2），少量分散分布的晶体为 0.05~0.3mm 的半自形—它形粒状（照片 2-28-3）。黄铁矿完全被黄铜矿集合体包裹（照片 2-28-4），棱边明显被熔蚀，以自形的粒状轮廓为主，粒径 0.1~0.5mm。

照片 2-29　JtsB-12

照片 2-30　Jtsb-12

石英岩脉型黄铜矿矿石：粒状、板条状结构，近块状构造，岩石由金属矿物和脉石矿物组成，金属矿物主要为黄铜矿，含量可达60%，其次为微量的黄铁矿。矿石的脉石矿物为单一的石英，属石英岩脉型矿石，石英被金属矿物阻隔成单晶体和大小不等的岩块。

石英脉型黄铜矿矿石：粒状、板条状结构，近块状构造。脉石矿物石英（Q）。石英被金属矿物阻隔成单晶体和大小不等的岩块。石英以近等轴粒状和板条状为主，少量马牙状和它形粒状，长轴介于 $0.02\sim0.8mm$，多晶面亮净，轻微波带状和云团状消光。大小不等、形态不同的石英晶体彼此紧密镶嵌，接触面从平直到凹凸状均有，局部长轴略显定向。（正交）

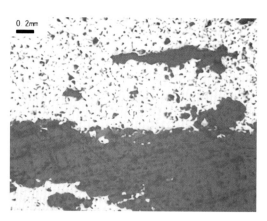

照片 2-31-1　Jtsg-7（Jtsb-12）

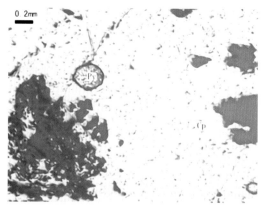

照片 2-31-2　Jtsg-7（Jtsb-12）

石英岩脉型黄铜矿矿石：粒状结构，包含结构，块状构造。矿石中黄铜矿（Cp）的含量高达60%，微量黄铁矿（Py）。黄铜矿彼此紧密镶嵌，整体为块状（照片 2-31-1），块状集合体内胶结大小不等且近定向分布的脉石矿物。黄铁矿被黄铜矿集合体完全包裹（照片 2-31-2），部分晶体受熔蚀棱边近浑圆状，残留 $0.1\sim0.4mm$ 的较自形粒状轮廓。（单偏光）

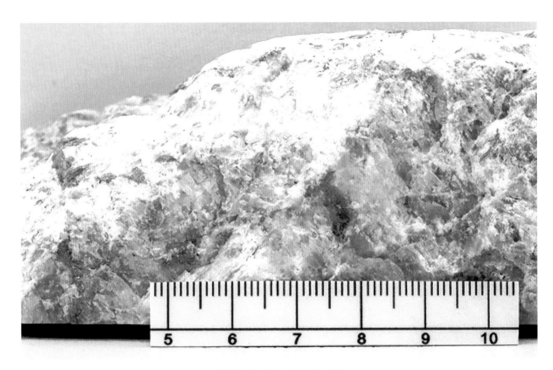

照片 2-32　JtsB-13

　　灰白色粗粒重晶石岩：粒柱状结构，块状构造，岩石的造岩矿物为单一的重晶石，重晶石＞99%。重晶石为自形且粗大的板柱状，长轴多介于 5.0~30.0mm，具两组近于正交的解理，标本上具平整的解理面，重晶石晶体彼此紧密镶嵌，长轴明显定向。

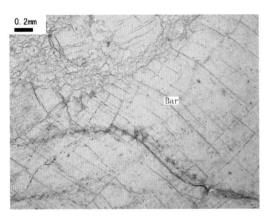

照片 2-33-1　Jtsb-13

（单偏光）

照片 2-33-2　Jtsb-1

（正交）

　　石英岩脉型黄铜矿矿石：粒状结构，包含结构，块状构造。矿石中黄铜矿（Cp）的含量高达60%，微量黄铁矿（Py）。黄铜矿彼此紧密镶嵌，整体为块状（照片 2-31-1），块状集合体内胶结大小不等且近定向分布的脉石矿物。黄铁矿被黄铜矿集合体完全包裹（照片 2-31-2），部分晶体受熔蚀棱边呈近浑圆状，残留 0.1~0.4mm 的较自形粒状轮廓。（单偏光）

二、海相火山岩型铁矿——肃北县狼娃山铁矿

（一）成矿地质背景

矿床位于塔里木板块北缘，北邻哈萨克斯坦板块东段。铁矿的生成与火山活动和岩浆侵入活动有关。矿区出露地层为石炭纪早世白山组下岩段（C_1bs^1）。整个矿带以含角砾流纹英安质熔凝灰岩为主，夹流纹英安质凝灰熔岩、流纹质凝灰岩、熔凝灰岩，偶夹大理岩透镜体（未见顶）。分布于Ⅱ（图2-5）、Ⅲ矿区北部。矿区总体为一向北变新的单斜构造。断裂主要有三组：主要为近东西、北西西、近南北或北北东向张性断裂，对后期热液成矿起一定控制作用。在Ⅱ、Ⅲ矿区南侧及Ⅰ矿区周围，大面积分布华力西中期花岗闪长岩，这些岩体与碳酸盐岩接触时，出现矽卡岩化，使原有铁矿进一步富集。

（二）矿床地质特征

铁矿体产出状态可分为三类。一类为产于酸性和中酸性火山熔岩中的整合矿体。第二类为产于矽卡岩中的不规则交代矿体；多出现在二长花岗岩、闪长岩与大理岩接触带，并受北西西向及南北向断裂构造控制，含矿围岩主要为矽卡岩、矽卡岩化大理岩及蚀变闪长岩。矿体多成带、成矿群出现，并作右行斜列分布，矿体形态一般不规则，与围岩呈渐变关系。第三类为产于火山岩中的脉状矿体，多产于火岩中，受构造裂隙控制，呈脉状，边界截然，有时见切割矽卡岩。

矿体形态及规模：全矿区分南、北两个矿带。南部Ⅰ矿区矿带，东西向延伸，长约3km，宽250~500m；北部Ⅱ、Ⅲ矿区矿带，北西向延伸，长约6km，宽0.5~1km。在此范围内共发现矿体400多个，主要矿体70个。一般长100~200m，最长377.72m，厚2~10m，最厚10.64m，最大倾斜延深256m。

（三）矿石特征

矿石矿物以磁铁矿为主，含少量赤铁矿、镜铁矿、黄铁矿及微量黄铜矿。脉石矿物有石英、方解石、绿泥石、石榴石、绿帘石、阳起石、透闪石等。矿石结构主要为自形、半自形或它形粒状结构，有时具交代（溶蚀）结构、结状结构及细脉穿插结构。矿石构造以块状、浸染状及条带状构造为主。矿区伴随矿化常见的围岩蚀变有绿泥石化、绿帘石化、硅化、矽卡岩化。其中矽卡岩化、绿泥石化与矿化关系最为密切。

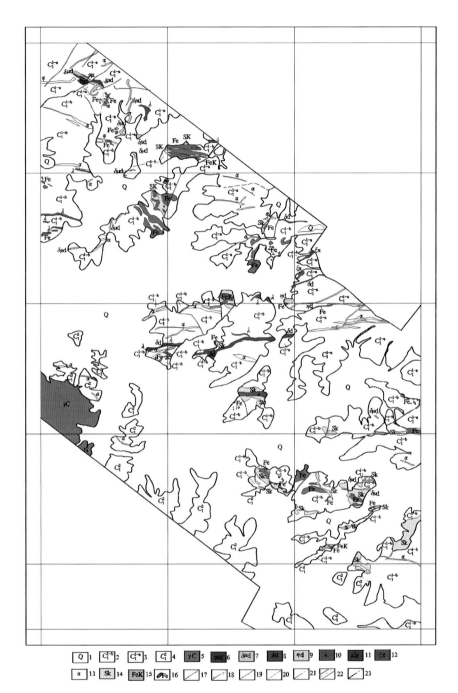

图 2-5　狼娃山铁矿Ⅱ矿区地质草图（据仲新，2005）

1- 第四系；2- 流纹—英安质凝灰熔岩；3- 含角砾流纹英安—英安质熔凝灰岩；4- 硅质板岩；5- 华力西中期细—中粒花岗岩；6- 片麻状细—中粒英云闪长岩脉；7- 闪长玢岩脉；8- 闪长玢岩脉；9- 辉绿岩脉；10- 流纹岩；11- 流纹英安斑岩脉；12- 英安斑岩；13- 安山岩；14- 矽卡岩；15- 含铁矽卡岩；16- 铁矿体；17- 实测压性断裂；18- 实测、推测扭性断裂；19- 推测性质不明断裂；20- 实测、推测压性断裂；21- 实测、推测性质不明断裂；22- 断层破碎带；23- 实测、推测整合地质界线。

矿石自然类型有块状矿石、稠密浸染及稀疏浸染状矿石，按矿物组分可划分为绿泥阳起磁铁矿石及石英赤铁矿石，地表可见赤铁磁铁矿石。

（四）成矿时代

据含矿地层时代和切穿矿体脉岩同位素年龄（254.7~203.9Ma）确定成矿时代为华力西中期。成矿过程可分为两个阶段：第一阶段：火山溢流成矿阶段。在早石炭世火山喷发第二旋回早期下亚旋回喷溢阶段，聚集在岩浆房中的铁质，以氯化物的形式随同熔浆上涌，在迁移途中与地下水发生氧化反应，形成含铁硅酸盐熔浆或磁铁矿浆，于海盆中溢流成矿，形成前述的一类似层状整合矿体，由于这种溢流作用的脉动性，因而常形成相互平行的多层状矿体。第二阶段：矽卡岩化叠加成矿阶段。火山喷发后期，岩浆侵入活动频繁，其期后含矿热液沿岩体接触带附近构造裂隙与大理岩交代，形成部分矽卡岩型矿体，并使早期铁矿体受到一定程度加富改造。

（五）矿床成因与成矿模式

该矿床成因，自1958年矿床发现以来，有过几种认识，最早认为属矽卡岩型，后来提出属火山热液交代充填型。经对前人资料特别是深部钻孔资料的详细研究和与邻区新疆雅满苏典型铁矿床的研究对比，认识到该矿床具有以下特征：

（1）矿床位于大陆板块边缘岩浆弧环境，与下石炭统白山组火山岩—碳酸盐建造有关。

（2）矿床主要矿体产于酸性—中酸性喷溢相熔岩或碎屑熔岩中，呈似层状整合产出。

（3）部分小矿体产于中酸性岩体接触带的矽卡岩中，并受构造裂隙控制，矿体与矽卡岩呈渐变过渡关系。

（4）火山岩、矽卡岩中有晚期脉状矿体存在。

（5）矿带内除发育矽卡岩化外，尚见绿泥石化、绿帘石化、硅化等蚀变现象，特别在层状矿体两侧常见，矿石有局部加富现象，证明后期热液对早先矿体有改造作用。

（6）矿石矿物成分和化学组分简单。

（7）矿石以粒状结构为主，具块状、条带状构造。

以上特征与雅满苏铁矿具有一定程度相似性，说明矿床确系多期次、多种成矿作用叠加而成矿，但以火山溢流成矿作用为主，因而定为海相火山岩型铁矿较为合适，具体成矿过程可分为两个阶段：

第一阶段：火山溢流成矿阶段。其机制是：在早石炭世火山喷发第二旋回早期下亚旋回喷溢阶段，聚集在岩浆房中的铁质，以氯化物的形式随同熔浆上涌，在迁移途中与地下水发生氧化反应，形成含铁硅酸盐熔浆或磁铁矿浆，于海盆中溢流成矿，形成前述的一类似层状整合矿体，由于这种溢流作用的脉动性，因而常形成相互平行的多层状矿体。

第二阶段：矽卡岩化叠加成矿阶段。火山喷发后期，岩浆侵入活动频繁，其期后含矿热液沿岩体接触带附近构造裂隙与大理岩交代，形成部分矽卡岩型矿体，并使早期铁矿体受到一定程度加富改造。

以上两个阶段成矿作用依次叠加，形成了整个矿床的复杂特征，但以第一阶段成矿作用最为重要，生成了该区主要矿体，决定了矿床基本规模和类型；其后成矿作用只起叠加改造作用。

成矿模式抽象的表达成矿作用和过程，矿床成矿模式见图 2-6。

（六）标本采集简述

狼娃山铁矿区共采集岩矿石标本共 9 块（表 2-2）。其中矿石标本 5 块，岩石标本 4 块。矿石标本岩性为深灰色阳起石石榴石复杂矽卡岩型黄铜矿磁铁矿矿石、深灰色方解石阳起石矽卡岩型磁铁矿矿石、深灰色石英大理岩型黄铜矿磁铁矿矿石、深灰色阳起石大理岩型磁铁矿矿石、灰绿色绿泥绿帘石大理岩型磁铁矿矿石，围岩标本岩性为灰白色球粒花斑岩、灰绿色蚀变安山岩、肉红色流纹质岩屑晶屑凝灰熔岩、浅灰色流纹质球粒状岩屑凝灰岩。本次采集的标本基本覆盖了狼娃山铁矿不同类型的矿石类型、围岩的标本，较全面地反映了北山地区海相火山岩型铜矿的地质特征。

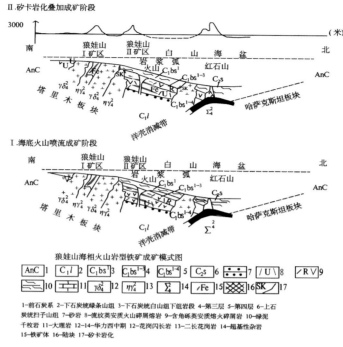

图2-6　狼娃山铁矿成矿模式图 （据余超等，2010）

1- 前石炭系；2- 早石炭世绿条山组；3- 早石炭世白山组下岩段；4- 第三层；5- 第四层；6- 晚石炭世扫子山组；7- 砂岩；8- 流纹英安质火山碎屑岩；9- 含角砾英安质熔火山碎屑岩；10- 绿泥千枚岩；11- 大理岩；12- 花岗闪长岩；13- 二长花岗岩；14- 超基性杂岩；15- 铁矿体；16- 陆块；17- 矽卡岩化。

表2-2　狼娃山铁矿采集典型标本

序号	标本编号	标本岩性	标本类型	薄片编号	光片编号
1	LwsB-1	深灰色阳起石榴石复杂矽卡岩型黄铜矿磁铁矿矿石	矿石	Lwsb-1	Lwsg-1
2	LwsB-2	深灰色方解石阳起石矽卡岩型磁铁矿矿石	矿石	Lwsb-2	Lwsg-2
3	LwsB-3	深灰色石英大理岩型黄铜矿磁铁矿矿石	矿石	Lwsb-3	Lwsg-3
4	LwsB-4	深灰色阳起石大理岩型磁铁矿矿石	矿石	Lwsb-4	Lwsg-4
5	LwsB-5	灰白色球粒花斑岩	围岩	Lwsb-5	
6	LwsB-6	灰绿色蚀变安山岩	围岩	Lwsb-6	
7	LwsB-7	灰绿色绿泥绿帘石大理岩型磁铁矿矿石	矿石	Lwsb-7	
8	LwsB-8	肉红色流纹质岩屑晶屑凝灰熔岩	围岩	Lwsb-8	
9	LwsB-9	浅灰色流纹质球粒状岩屑凝灰岩	围岩	Lwsb-9	

（七）岩矿石光薄片图版及说明

照片 2-34 LwsB-1

深灰色阳起石石榴石复杂矽卡岩型黄铜矿磁铁矿矿石：粒柱状变晶结构，不规则团块状构造。矿石的岩石类型属复杂矽卡岩，早期石榴石矽卡岩被晚期的方解石、阳起石热液熔蚀成大小不等的团块，团块的边缘多圆滑，金属矿物为磁铁矿、黄铜矿和微量的黄铁矿。

照片 2-35-1 Lwsb-1
（单偏光）

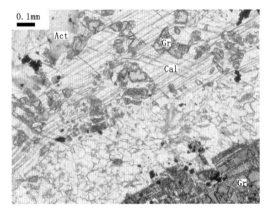

照片 2-35-2 Lwsb-1
（单偏光）

阳起石石榴石复杂矽卡岩型黄铜矿磁铁矿矿石：粒柱状变晶结构，不规则团块状构造。矿石的岩石类型属复杂矽卡岩，早期石榴石（Gr 24%）矽卡岩被晚期的方解石（Cal 14%）、阳起石（Act 30%）热液熔蚀成大小不等的团块，团块的边缘多圆滑，金属矿物主要分布在早晚期矽卡岩的接触带上（照片 2-35-1）。石榴石为 0.2~4.5mm 的较规则粒状，裂理发育，部分晶体具环带（照片 2-35-2）。方解石为规则的菱面体和它形粒状，粒径 0.02~2.0mm，分布在早期矽卡岩边缘的方解石包含微粒状石榴石。阳起石具淡绿色，以短柱状为主，其次为杆状和放射状，长轴介于 0.05~1.0mm。

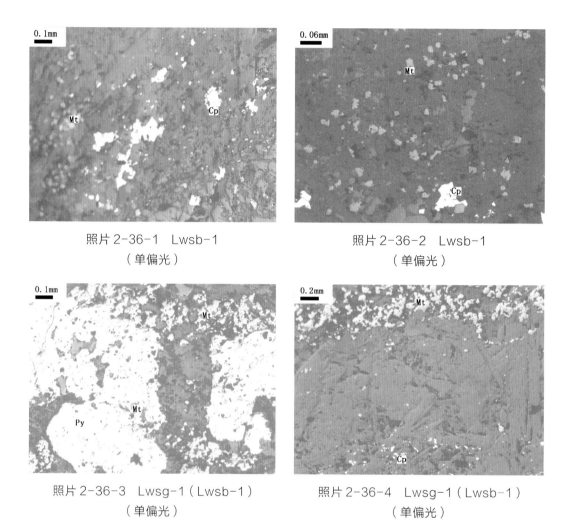

照片 2-36-1　Lwsb-1
（单偏光）

照片 2-36-2　Lwsb-1
（单偏光）

照片 2-36-3　Lwsg-1（Lwsb-1）
（单偏光）

照片 2-36-4　Lwsg-1（Lwsb-1）
（单偏光）

　　阳起石石榴石复杂矽卡岩型黄铜矿磁铁矿矿石：粒状结构，交代结构，稠密浸染状——不规则条带状构造。金属矿物为磁铁矿（Mt 30%）、黄铜矿（Cp 2%）和微量的黄铁矿（Py）。黄铜矿具铜黄色反射色，为粒径在 0.02~0.2mm 的半自形粒状（照片 2-36-1），个别晶体与磁铁矿具平直的共结边。磁铁矿具灰带棕反射色，从自形粒状到它形粒状均有，具规则的三角形和多边形切面（照片 2-36-2），仅分布在矿石的局部。粒径 0.02~0.1mm。黄铁矿浅黄白反射色，棱边多浑圆，粒径在 0.05~0.9mm，普遍被磁铁矿不同程度的交代（照片 2-36-3）。黄铜矿和磁铁矿分布不均匀，同种矿物相互富集成宽窄不一的断续状条带（照片 2-36-4）。金属矿物的生成顺序为：黄铁矿→磁铁矿→黄铜矿。

照片 2-37　LwsB-2

　　深灰色方解石阳起石矽卡岩型磁铁矿矿石：粒状、杆状变晶结构，块状构造。脉石矿物为方解石和阳起石，金属矿物为磁铁矿和微量黄铁矿。分布在脉石矿物空隙中的磁铁矿为粒径粗大的长条状，部分晶体构成近束状集合体。

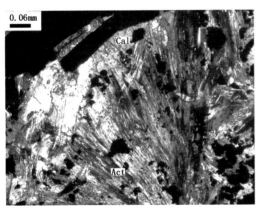

照片 2-38-1　Lwsb-2
（正交）

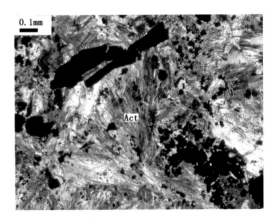

照片 2-38-2　Lwsb-2
（正交）

　　方解石阳起石矽卡岩型磁铁矿矿石：粒状、杆状变晶结构，块状构造。脉石矿物为方解石（Cal 16%）和阳起石（Act 49%）。阳起石多为长宽比值＞5:1的杆状，少量短柱状，长轴在0.05~1.0mm，杆状晶体的竹节状解理特征，多构成束状和放射状集合体（照片 2-38-1）。各种形态的阳起石杂乱分布（照片 2-38-2），晶体粒间分布细粒的金属矿物。方解石分布在阳起石晶体构成的空隙中，形态和大小往往受到分布空间的限制，以 0.03~1.0mm 的它形粒状为主。

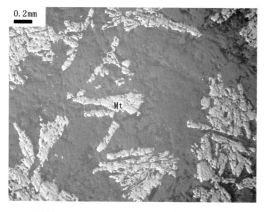

照片 2-39-1　Lwsg-2（Lwsb-2）
（单偏光）

照片 2-39-2　Lwsg-2（Lwsb-2）
（单偏光）

照片 2-39-3　Lwsg-2（Lwsb-2）
（单偏光）

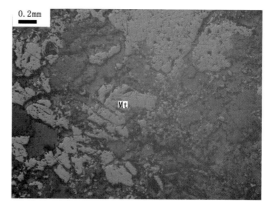

照片 2-39-4　Lwsg-2（Lwsb-2）
（单偏光）

　　方解石阳起石矽卡岩型磁铁矿矿石：粒状晶结构，碎裂结构，不均匀稠密浸染状构造。金属矿物为磁铁矿（Mt 35%）和微量黄铁矿（Py）。分布在杆柱状脉石矿物空隙中的磁铁矿为粒径粗大的长条状，长轴 0.1~1.2mm，部分晶体构成近束状集合体（照片 2-39-1）；分布在脉石矿物解理缝或被脉石矿物包含的磁铁矿粒径仅在 0.015~0.04mm，切面从规则的正方形到它形粒状均有（照片 2-39-2）。不同形态的磁铁矿分布不均匀，局部粗粒磁铁矿富集成不规则的团块状（照片 2-39-3）。黄铁矿晶体中裂隙纵横交错（照片 2-39-4），具 0.1~2.0mm 的半自形—它形粒状轮廓，部分裂隙中穿插磁铁矿集合体。

照片 2-40　LwsB-3

深灰色石英大理岩型黄铜矿磁铁矿矿石：粒状变晶结构，块状构造。脉石矿物石英和方解石，多分布在金属矿物构成的空隙中，金属矿物包括磁铁矿、黄铁矿和微量黄铜矿。

照片 2-41　Lwsb-3

石英大理岩型黄铜矿磁铁矿矿石：粒状变晶结构，块状构造。脉石矿物石英（Q 5%）和方解石（Cal 35%）多分布在金属矿物构成的空隙中，晶体形态和粒径受到分布空间的限制。石英为长板条状和近等轴粒状，粒径 0.05~0.6*mm*。方解石以它形粒状为主，部分晶体具菱面体的形态或轮廓，粒径 0.05~1.0*mm*，个别粗大晶体包裹多粒金属矿物构成嵌晶结构。（正交）

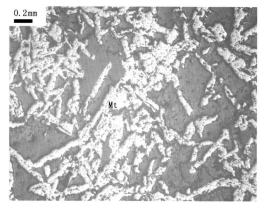

照片 2-42-1　Lwsg-2（Lwsb-2）
（单偏光）

照片 2-42-2　Lwsg-2（Lwsb-2）
（单偏光）

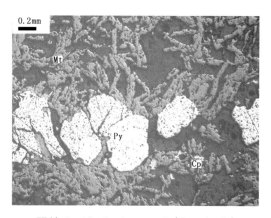

照片 2-42-3　Lwsg-2（Lwsb-2）
（单偏光）

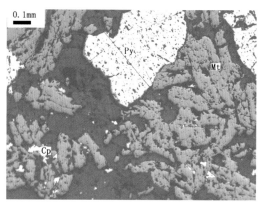

照片 2-42-4　Lwsg-2（Lwsb-2）
（单偏光）

　　石英大理岩型黄铜矿磁铁矿矿石：粒状晶结构，交代结构，不均匀团块状构造。金属矿物为磁铁矿（Mt 53%）、黄铁矿（Py 7%）和微量黄铜矿（Cp）。磁铁矿的切面多为 0.1~3.0mm 的长条状（照片 2-42-1），常彼此衔接或紧密镶嵌。早期黄铁矿为 0.05~3.0mm 的半自形—它形粒状，富集成 5~30mm 大小的较致密状团块，局部被束状磁铁矿集合体穿插交代（照片 2-42-2）；晚期黄铁矿以 0.1~1.0mm 的半自形粒状为主，该黄铁矿在空间构成 0.4~2.0mm 的断续脉状（照片 2-42-3）。黄铜矿为 0.02~0.1mm 的它形粒状。黄铜矿在空间上与晚期黄铁矿紧密伴生，且明显尖棱角状交代磁铁矿（照片 2-42-4）。金属矿物的生成顺序为：早期黄铁矿→磁铁矿→晚期黄铁矿→黄铜矿。

照片 2-43　LwsB-4

　　深灰色阳起石大理岩型磁铁矿矿石：杆状、粒状变晶结构，近块状构造。脉石矿物有阳起石、石英和方解石等，多分布在金属矿物构成的空隙中。金属矿物包括磁铁矿和黄铁矿。磁铁矿以自形—半自形粒状为主。

照片 2-44　Lwsb-4

　　阳起石大理岩型磁铁矿矿石：杆状、粒状变晶结构，近块状构造。脉石矿物有石英（Q 5%）、方解石（Cal 27%）和阳起石等，多分布在金属矿物构成的空隙中。石英为 0.04~0.5mm 的长板条状和近等轴粒状，部分晶体中包含细粒的金属矿物和阳起石。方解石以 0.05~1.0mm 的它形粒状为主，有的晶体具菱面体的形态或轮廓，个别粗大晶体包含细粒金属矿物构成嵌晶结构。阳起石为短柱状和杆状，长轴 0.05~0.4mm。各类脉石矿物的长轴无定向性。（正交）

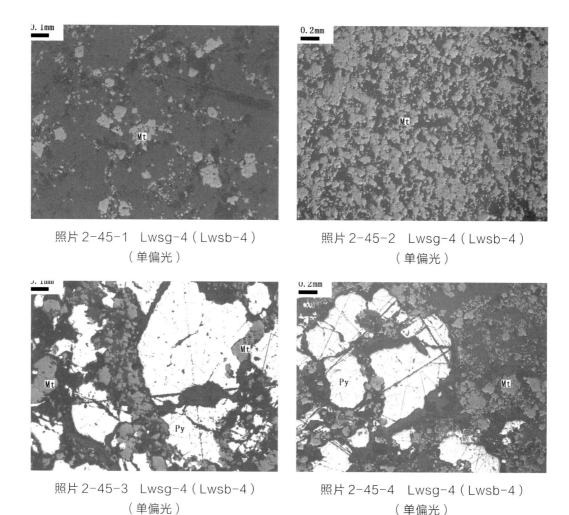

照片 2-45-1　Lwsg-4（Lwsb-4）
（单偏光）

照片 2-45-2　Lwsg-4（Lwsb-4）
（单偏光）

照片 2-45-3　Lwsg-4（Lwsb-4）
（单偏光）

照片 2-45-4　Lwsg-4（Lwsb-4）
（单偏光）

　　阳起石大理岩型磁铁矿矿石：粒状晶结构，不均匀团块状构造。金属矿物为磁铁矿（Mt 60%）和黄铁矿（Py 5%）。磁铁矿以自形—半自形粒状为主，自形晶体具三角形、正方形和多边形切面（照片 2-45-1），粒径 0.02~0.18mm，大部分晶体彼此衔接，构成致密程度有差异的块状集合体（照片 2-45-2）。黄铁矿为 0.03~1.2mm 的半自形—它形粒状，部分晶体具脆性裂隙（照片 2-45-3），多富集成 5~10mm 大小的团块，团块的边缘渐变（照片 2-45-4），磁铁矿集合体状分布在黄铁矿的晶体粒间。

照片 2-46 LwsB-5

灰白色球粒花斑岩：微粒结构、球粒结构，块状构造。岩石组分主要为隐晶状长英质球粒，球粒多为规则的近圆状，少量为不完整的扇形，球粒中心多为细微的长英质微晶，大小不等的球粒彼此镶嵌。微粒状的白云母、石英和斜长石等分布在长英质球粒的空隙中，石英为它形粒状，斜长石为自形的板条状，白云母鳞片多为放射状集合体。

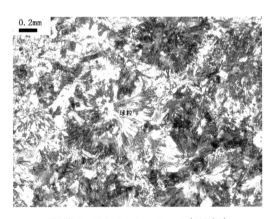

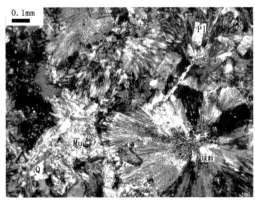

照片 2-47-1 Lwsb-5（正交）　　　　　照片 2-47-2 Lwsb-5（正交）

球粒花斑岩：微粒结构、球粒结构，块状构造。岩石组分主要为隐晶状长英质球粒（照片2-47-1），球粒多为规则的近圆状，少量为不完整的扇形，大小在 $0.25 \sim 0.8mm$，球粒中心多为细微的长英质微晶，球粒内呈十字形消光（照片2-47-2），大小不等的球粒彼此镶嵌。微粒状的白云母（Mu）、石英（Q）和斜长石（Pl）等的粒径在 $0.05 \sim 0.15mm$，均分布在长英质球粒的空隙中，石英为它形粒状，斜长石为自形的板条状，白云母鳞片多为放射状集合体。

照片 2-48　LwsB-6

　　灰色安山岩：半自形粒柱状结构，气孔—杏仁构造。岩石由斜长石、暗色矿物、石英等组成。斜长石呈板条状和短柱状，强钠黝帘石化，杂乱分布。暗色矿物被绿泥石、绿帘石和方解石的集合体完全代替，气孔充填物绿泥石和绿帘石往往具有环带性，中心以绿泥石为主，边缘为绿帘石。

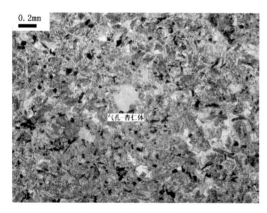

照片 2-49-1　Lwsb-6（单偏光）　　　　　照片 2-49-2　Lwsb-6（正交）

　　安山岩：半自形粒柱状结构，气孔—杏仁构造。岩石属结晶程度较高的安山岩，由斜长石（Pl 61%）、暗色矿物（30%）、石英（Q 4%）和气孔—杏仁体（照片 2-49-1）等组成。斜长石为长轴在 0.1~0.8mm 的板条状和短柱状，聚片双晶纹较宽，强钠黝帘石化，多具钠长石亮边（照片 2-49-2），杂乱分布。暗色矿物被绿泥石、绿帘石和方解石的集合体完全代替，仅具短柱状和近粒状假象。石英为 0.05~0.1mm 的它形粒状，分布在其他常量矿物的晶体粒间。较规则的圆状气孔大小在 0.2~0.4mm，气孔充填物绿泥石和绿帘石往往具有环带性，中心以绿泥石为主，边缘为绿帘石。

照片 2-50　LwsB-7

　　灰绿色绿泥绿帘石大理岩型磁铁矿矿石：鳞片粒状变晶结构，弱定向构造。标本中黑色者为金属矿物，脉石矿物有绿泥石、绿帘石、石英和方解石等。绿泥石为草绿色的鳞片状集合体，绿帘石呈短柱状和近粒状，二者局部略富集。石英为近等轴粒状和板条状。方解石晶形复杂，各类脉石矿物稳定共生，长轴弱显定向。

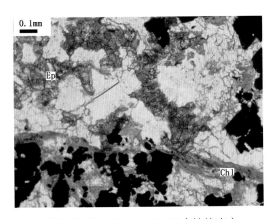

照片 2-51-1　Lwsb-7（单偏光）

照片 2-51-2　Lwsb-7（正交）

　　绿泥绿帘石大理岩型磁铁矿矿石：鳞片粒状变晶结构，弱定向构造。照片中黑色部分为金属矿物，脉石矿物有绿泥石（*Chl* 6%）、绿帘石（*Ep* 9%）、石英（*Q* 8%）和方解石（*Cal* 37%）等。绿泥石为草绿色的鳞片状集合体（照片 2-51-1），显铁锈色的异常干涉色；绿帘石为长轴在 0.1~0.8*mm* 的短柱状和近粒状，干涉色鲜艳但不均匀，绿泥石和绿帘石在局部略富集。石英为近等轴粒状和板条状，长轴 0.05~0.45*mm*，有的晶体中包含微粒状方解石。方解石晶形复杂，粒径介于 0.02~1.0*mm*。各类脉石矿物稳定共生，长轴弱显定向。

照片 2-52 LwsB-8

肉红色流纹质岩屑晶屑凝灰熔岩：熔岩结构，块状构造。岩石由火山碎屑物和胶结物组成，穿插细微的石英方解石脉体。火山碎屑物包括岩屑和晶屑，晶屑有钾长石、斜长石、石英和暗色矿物等；暗色矿物被绿泥石和绿帘石集合体完全代替。

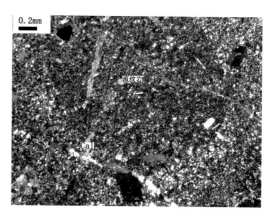

照片 2-53-1 Lwsb-8（正交）　　　　　照片 2-53-2 Lwsb-8（正交）

流纹质岩屑晶屑凝灰熔岩：半自形粒柱状结构，气孔—杏仁构造。岩石属结晶程度较高的安山岩，由斜长石（Pl 61%）、暗色矿物（30%）、石英（Q 4%）和气孔—杏仁体（照片 2-49-1）等组成。斜长石为长轴在 0.1~0.8mm 的板条状和短柱状，聚片双晶纹较宽，强钠黝帘石化，多具钠长石亮边（照片 2-49-2），杂乱分布。暗色矿物被绿泥石、绿帘石和方解石的集合体完全代替，仅具短柱状和近粒状假象。石英为 0.05~0.1mm 的它形粒状，分布在其它常量矿物的晶体粒间。较规则的圆状气孔大小在 0.2~0.4mm，气孔充填物绿泥石和绿帘石往往具有环带性，中心以绿泥石为主，边缘为绿帘石。

照片 2-54　LwsB-9

　　浅灰色流纹质球粒状岩屑凝灰岩：岩屑凝灰结构，条带状构造。岩石由晶屑、岩屑和火山灰组成。晶屑为石英。岩屑为流纹岩，岩石具成分差异的渐变条带，火山灰的富集条带中绢云母略显定向。

照片 2-55　Lwsb-9

　　流纹质球粒状岩屑凝灰岩：岩屑凝灰结构，条带状构造。晶屑、岩屑和火山灰组成该岩石。晶屑为次棱角状的单一石英，粒径仅 $0.05\sim0.1mm$。岩屑为近圆球状和椭球状的塑性流纹岩，大小 $0.3\sim1.0mm$，岩屑脱玻化内部均由霏细状的长英质组成，岩屑的长轴略显定向。火山灰被粒径 $<0.02mm$ 的微鳞片状绢云母和微粒状石英集合体代替，绢云母为集合状消光的致密集合体。岩石具成分差异的渐变条带，火山灰的富集条带中绢云母（Ser）集合体的长轴略显定向。（正交）

第三章 镍 矿

第一节　矿种介绍

　　镍是一种银白色金属，在空气中很容易被空气氧化，表面形成有些发乌的氧化膜，因此人们见到的镍常颜色发乌。镍质坚硬，有很好的延展性、磁性和抗腐蚀性，且能高度磨光。镍在地壳中含量也非常丰富。在自然界中以硅酸镍矿或硫、砷、镍化合物形式存在。镍常被用于制造不锈钢、合金结构钢等钢铁，及电镀、高镍基合金和电池等领域，还广泛用于飞机、雷达等各种军工制造业，民用机械制造业和电镀工业等。

　　甘肃省拥有资源储量占世界第三位的金川超大型铜镍矿床，伴生钴、铂、钯、铱、锇、铑、钌、硒、碲等 19 种有益矿产，金川是全国最主要的镍钴原料供应基地。已知矿产地 5 处。该类型铜镍矿可划分为超基性岩浆熔离型矿床和基性—超基性岩浆熔离型矿床两个亚类，前者其成矿岩体主要产于大陆边缘深断裂带，分布于阿拉善地块西南缘的龙首山隆起处，成矿岩体受北西向超壳深断裂带控制，以白家嘴子铜镍矿床为代表。后者分布于笔架山—黑山—大豁落山东西向裂陷深断裂带内，含铜镍矿产于基性—超基性岩体中，以黑山铜镍矿为代表。

第二节　岩浆熔离型镍矿

——金川铜镍矿

一、成矿地质背景

矿区大地构造位于华北陆块区，阿拉善地块，龙首山基底杂岩带中段，南侧紧邻北祁连弧盆系之走廊弧后盆地。区域地层主要有上太古—下元古界龙首山岩群、蓟县纪墩子沟群、震旦纪韩母山群等基底岩系。区内侵入岩发育，主要为早古生代壳源中酸性花岗岩，呈岩基、岩株状产出。其次，是时代归属有争议的中元古代基性—超基性岩和少量中酸性花岗岩，多呈岩株、岩墙状产出，其中代表性的超基性岩即为金川铜镍矿床的成矿母岩。

二、矿区地质特征

地层主要是龙首山岩群（Pt1L），呈北西西走向，与成矿具一定联系，含矿超基性岩体侵入其中，个别矿体产于其中。主要岩性有黑云石英片岩、斜长角闪片岩、浅粒岩、镁质大理岩、黑云斜长片麻岩及斜长角闪岩等，形成于陆棚—浅海环境。

矿区构造以断裂为主，可分北西向及北东向两组。前者规模较大，多为逆冲断裂，是区域性断裂的一部分或其次级断裂。其中，龙首山北缘大断裂属控岩控矿构造，具有多期活动特点，含矿岩体即沿该组断裂同向分布；北东向断裂规模小，以平移性质断裂为主，左形特征明显，对超基性岩及矿体具破坏作用。

矿区侵入岩较发育，规模不大，以岩墙、岩瘤状为主，但岩性复杂，有超基性岩、中酸性花岗岩及各类脉岩等。主要的岩体为金川超基性岩体（即金川铜镍矿含矿母岩），该岩体由 4 个侵入体（其中 2 个为隐伏岩体）组成，总长约 5500m，宽 15~528m，总面积约 1.34km²。各侵入体之间以断层相隔，北东向平移断层使各岩体呈斜列、雁行状排列。基性岩体呈岩墙状产出于龙首山岩墙大理岩、混合岩及片麻岩中。岩体分异明显，主要岩性（相）：含辉橄榄岩、纯橄榄岩、二辉橄榄岩、次有橄榄二辉岩、斜长二辉橄榄岩、辉石岩等。前三者为主要的含矿岩性（相），岩体平均化学成分：SiO_2 为 39.72%、TiO_2 为 0.39%、A_2O_3 为 4.27%、Cr_2O_3 为 0.42%、Fe_2O_3 为 5.95%、FeO 为 6.42%、MnO 为 0.14%、MgO 为 29.11%、CaO 为 3.34%、Na_2O 为 0.45%、K_2O 为 0.35。M/F 平均值 3.92，属铁质超基性岩，成分接近上地幔岩，暗示超基性岩来自上地幔。

三、矿床特征

根据含矿岩体的分布及矿床与构造的关系，金川铜镍矿床划分成 4 个矿区，由北西到南东左形雁行式排列，依次为：Ⅲ、Ⅰ、Ⅱ和Ⅵ矿区（图 3-1）。其中，Ⅰ矿区矿体出露地表，Ⅱ矿区地表可见矿化体，Ⅲ、Ⅵ矿区均被新生界覆盖，厚度 >

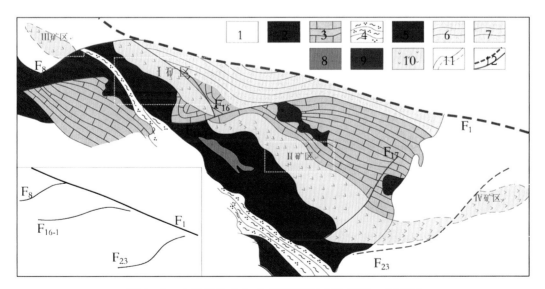

图 3-1　金川铜镍硫化矿区示意图（据陈兴义，2013）

1- 第四系；2- 条痕混合岩；3- 大理岩；4- 含榴二云片麻岩；5- 均质混合岩；6- 黑云斜长片麻岩；7- 混合岩；8- 混合花岗岩；9- 晚期花岗岩；10- 超基性岩体；11- 地质界线；12 断层构造。

10~230m，除Ⅰ矿区外，Ⅱ、Ⅲ、Ⅵ矿区分别有351个、57个、57个，共计465个矿体，主矿体呈似层状，长度＞300~1300m，厚度41~790m，其他矿体多呈透镜状、扁豆状、次有脉状、不规则状。矿体倾向基本向西南，倾角39°~80°不等，与赋矿岩体产状基本一致。矿体多产于岩体中、下部，少量产于围岩。

四、矿石特征

矿石矿物主要是磁铁矿、铬铁矿、钛铁矿、金红石、镍黄铁矿、磁黄铁矿、紫硫镍铁矿、墨铜矿、黄铜矿、白铁矿、针镍矿、红砷镍矿、闪锌矿、方铅矿、赤铁矿等。脉石矿物有镁橄榄石、贵橄榄石、古铜辉石、普通辉石，以及斜长石、角闪石、黑云母等；次生矿物有蛇纹石、伊丁石、透闪石、滑石、菱镁矿、绿泥石、方解石、绿高岭石等。

矿石有氧化矿和原生矿两大类，以后者为主。原生矿又可分岩浆熔离型矿石、细脉型矿石、接触交代大理岩型矿石、混染花岗片麻岩岩型矿石等。其中，第一种为最主要的矿石类型。

矿石以自形—它形粒状结构、固溶体分解结构、溶蚀结构为主，次有压碎结构、镶边结构。矿石构造主要为海绵晶铁构造、斑驳构造、半块状—块状构造、稠密浸染状构造、薄膜状构造、角砾状构造、粉末状构造及蜂巢状构造等。矿石矿物成分复杂（原生矿），

矿石围岩蚀变发育，主要类型有蛇纹石化、绿泥石化、透闪石化、透辉石化、滑石化、绿高岭石化、硅化、碳酸盐岩化。

五、矿床成因

矿区在中新元古代处于华北陆块区、阿拉善陆块的西南边缘，软流圈异常导致上地幔熔融并形成陆缘裂谷，富含矿质的熔浆沿裂谷内深源断裂上升，期间地壳组分的混入，使熔浆发生不混溶作用。不混溶熔浆继续上升，到达中、上地壳低温富氧空间后，不混溶熔体进一步分异、分离。最后，不混溶熔体在"多"字型和反"多"字型断裂构造系统空间的控制下，最终交代、贯入、充填成岩成矿。

六、成矿模式

具有深部熔离（预富集）—脉动式贯入—终端岩浆房聚集成矿的成矿模式。从成矿模式（图3-2）可知。

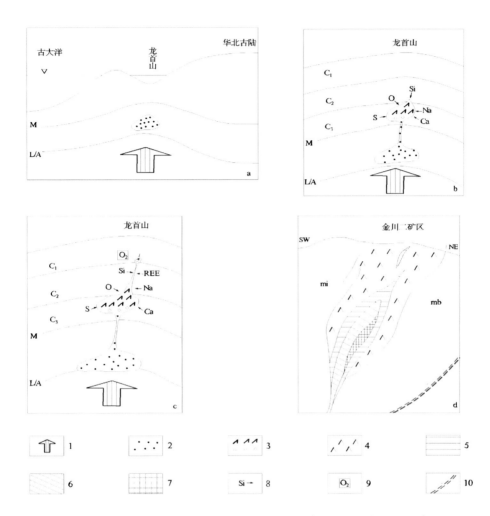

图 3-2　金川铜镍硫化物矿床成矿模式图（据刘升有等，2011）

M- 莫霍面；L/A- 热学岩石圈边界；C_1、C_2、C_3- 上、中、下地壳；mb- 大理岩；1- 软流圈异常；2- 富含 Cu、Ni、铂族等元素的岩石圈地幔熔融体；3- 不混溶熔体（上为镁铁质硅酸盐熔体；下为硫化物熔体）；4- 超镁铁岩；5- 星点状 $Cu-Ni-$ 铂族贫矿；6- 网状、海绵状富矿；7- 块状富矿；8- 迁入幔源熔浆中的地壳组分及其运移方向；9- 低温富氧空间及其位置；10- 逆冲深大断裂；$a \rightarrow c-$ 中新元古代成岩成矿过程：$a.$ 软流圈异常导致上地幔熔融并形成陆源裂谷；$b.$ 上升到中、下地壳的熔体因地壳物质加入而发生不混溶作用；$c.$ 不混溶熔体再次升至中、上地壳低温富氧空间后再分异、分离、交代、充填成岩成矿；$d.$ 现今矿床剖面示意图。

（1）中新元古代，软流圈异常使矿区处于陆缘裂谷环境，岩石圈地幔熔融，形成富含矿质的超镁铁质熔浆。熔浆沿高角度逆冲断裂上涌，侵入到中、上地壳（龙首山岩群），经不混溶作用、熔离、分异、交代、贯入等作用，形成矿床。成矿岩体和矿床的赋存空间，总体受"多"字型和反"多"字型断裂构造控制。

（2）矿床形成后，壳源断裂复活、逆冲，使矿区被抬升，经风化剥蚀作用，形成金川岩浆型铜镍矿床如今的面貌。

七、矿床标本简述

金昌市金川铜镍矿区共采集岩矿石标本共 10 块（表 3-1）。其中矿石标本 5 块，岩石标本 5 块，矿石标本岩性为灰绿色蛇纹石岩型磁铁矿镍黄铁矿矿石、灰色辉石岩型黄铜矿镍黄铁矿矿石、蛇纹石岩型磁黄铁矿镍黄铁矿矿石、透闪石蛇纹石岩型黄铜矿镍黄铁矿矿石、灰色白云母白云石岩型镍黄铁矿黄铜矿矿石；岩石标本岩性为灰黑色蚀变中细粒辉石橄榄岩、灰黑色斜长角闪岩、肉红色微碎裂岩化中细粒碱长花岗岩、浅灰色含透闪石白云石大理岩、灰绿色磁铁矿化蛇纹石岩。本次采集的标本基本覆盖了金川铜镍矿不同类型的矿石、岩石及围岩，较全面地反映了龙首山地区岩浆熔离型铜镍矿的地质特征。

表 3-1　金川铜镍矿采集典型标本

序号	标本编号	标本岩性	标本类型	薄片编号	光片编号
1	JcB-1	灰黑色蚀变中细粒辉石橄榄岩	围岩	Jcb-1	
2	JcB-2	灰黑色斜长角闪岩	围岩	Jcb-2	
3	JcB-3	肉红色微碎裂岩化中细粒碱长花岗岩	围岩	Jcb-3	
4	JcB-4	浅灰色含透闪石白云石大理岩	围岩	Jcb-4	
5	JcB-5	灰绿色蛇纹石岩型磁铁矿镍黄铁矿矿石	矿石	Jcb-5	Jcg-1
6	JcB-6	灰绿色磁铁矿化蛇纹石岩	围岩	Jcb-6	
7	JcB-7	灰色辉石岩型黄铜矿镍黄铁矿矿石	矿石	Jcb-7	Jcg-2
8	JcB-8	蛇纹石岩型磁黄铁矿镍黄铁矿矿石	矿石	Jcb-8	Jcg-3
9	JcB-9	透闪石蛇纹石岩型黄铜矿镍黄铁矿矿石	矿石	Jcb-9	Jcg-4
10	JcB-10	灰色白云母白云石岩型镍黄铁矿黄铜矿矿石	矿石	Jcb-10	Jcg-5

八、岩矿石光薄片图版及说明

照片 3-1　JcB-1

灰黑色斜长角闪岩：粒柱状变晶结构，块状构造，岩石完全由变晶矿物组成，包括斜长石、角闪石、石英、榍石和金属矿物等，主要矿物的粒径在 0.1~1.0mm，大小连续。大小不等的各类变晶矿物基本均匀分布，彼此紧密镶嵌，接触面以相对平直为主，总体稳定共生，长轴基本无定向。

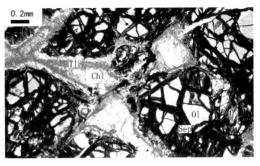

照片 3-2　Jcb-1

斜长角闪岩：粒柱状变晶结构，近块状构造。组分为变晶矿物斜长石（Pl 45%）、角闪石（Hb 50%）和石英（Q 4%）等，粒径 0.1~1.0mm。斜长石近等轴粒状和短柱状，退变不同程度的绢—白云母化，晶面多浑浊。石英近等轴粒状，晶面亮净。角闪石短柱状，横断面呈多边形或近六边形轮廓，具简单双晶，属普通角闪石，包含细粒的石英和斜长石。各类变晶矿物彼此的接触面以相对平直为主，总体稳定共生，长轴无定向性。（正交）

照片 3-3　JcB-2（宏观特征）

灰黑色斜长角闪岩：粒柱状变晶结构，块状构造，岩石完全由变晶矿物组成，包括斜长石、角闪石、石英、榍石和金属矿物等，主要矿物的粒径在 0.1~1.0mm，大小连续。大小不等的各类变晶矿物基本均匀分布，彼此紧密镶嵌，接触面以相对平直为主，总体稳定共生，长轴基本无定向。

照片 3-4　Jcb-2（微观特征）

斜长角闪岩：粒柱状变晶结构，近块状构造。组分为变晶矿物斜长石（Pl 45%）、角闪石（Hb 50%）和石英（Q 4%）等，粒径 0.1~1.0mm。斜长石近等轴粒状和短柱状，退变不同程度的绢—白云母化，晶面多浑浊。石英近等轴粒状，晶面亮净。角闪石短柱状，横断面呈多边形或近六边形轮廓，具简单双晶，属普通角闪石，包含细粒的石英和斜长石。各类变晶矿物彼此的接触面以相对平直为主，总体稳定共生，长轴无定向性。（正交）

照片 3-5　JcB-3

　　肉红色微碎裂岩化中细粒碱长花岗岩：花岗结构，块状构造，岩石的主造岩矿物为钾长石（70%）、斜长石（5%）、石英（20%）、黑云母和金属矿物少量，岩石受到明显的应力改造。岩石中偶见断续状石英岩脉体。岩石颗粒有普遍不同程度的破碎细粒化、黏土化。

照片 3-6　Jcb-3

　　微碎裂岩化中细粒碱长花岗岩：微碎裂结构，花岗结构，块状构造。组分为钾长石（Kf 69%）、斜长石（Pl 5%）、石英（Q 23%）和黑云母（1%）等。受到以脆性为主的脆韧性破碎，长石的棱边明显较圆滑，但具板柱状轮廓，钾长石的粒径在 0.5~4.0mm，属具格子双晶和补丁状条纹构造的微斜条纹长石，粘土化明显；斜长石的粒径 0.1~0.5mm，强绢—白云母化。石英多分布在长石的晶体粒间，有不同程度的破碎细粒化，粒径仅 0.05~0.15mm。（正交）

照片 3-7　JcB-4

　　灰白色含透闪石白云石大理岩：柱粒状变晶结构，块状构造，岩石由简单的变晶矿物白云石和透闪石组成，岩石与盐酸基本不反应，因白云石和透闪石分布不均匀，岩石具颜色差异的渐变团块，透闪石以短柱状为主，透闪石在岩石中富集成渐变条带或不规则状团块。白云石以近等轴粒状为主，长轴无定向。

照片 3-8　Jcb-4

　　含透闪石白云石大理岩：柱粒状变晶结构，渐变条带—团块状构造。白云石（Do 85%）和透闪石（Tl 15%）组成岩石。白云石以近等轴粒状为主，个别晶体为棱边平直的菱形切面，粒径 0.1~1.0mm，消光不均匀，彼此的接触面从平直到弯曲状均有，总体具稳定态结构。透闪石以 0.05~1.0mm 的短柱状为主，多边形横断面具闪石式解理，部分晶体的边缘轻微退变为滑石集合体，透闪石富集成渐变条带或不规则状团块。（正交）

照片 3-9　JcB-5

　　蛇纹石岩型磁铁矿镍黄铁矿矿石：纤维状变晶结构，网块状构造，岩石由金属矿物和脉石矿物两部分组成。金属矿物包括磁铁矿、黄铁矿和镍黄铁矿等，硫化物集合体在局部具充填形式的海绵陨铁构造；脉石矿物以蛇纹石为主，含微量绿泥石。绿泥石鳞片近无色，星点状分布，沿解理缝定向分布板条状磁铁矿，蛇纹石均为纤维状。

照片 3-10　Jcb-5

　　蛇纹石岩型磁铁矿镍黄铁矿矿石：纤维状变晶结构，网块状构造。脉石矿物为蛇纹石（Sep 88%）和绿泥石（2%）。绿泥石鳞片长轴在 0.1~0.5mm，沿解理缝定向分布板条状磁铁矿，星点状分布。蛇纹石为长轴在 0.02~0.07mm 的纤维状，构成 0.05~0.5mm 的集合体，集合体内平行或近于平行消光，不同的集合体被金属矿物集合体阻隔，具网块状构造。（正交）

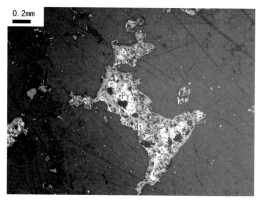

照片 3-11-1　Jcg-1（Jcb-5）

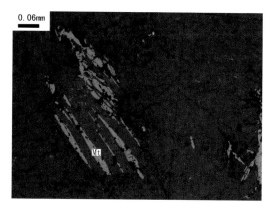

照片 3-11-2　Jcg-1（Jcb-5）

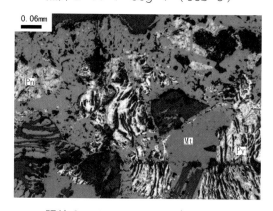

照片 3-11-3　Jcg-1（Jcb-5）

照片 3-11-4　Jcg-1（Jcb-5）

　　蛇纹石岩型磁铁矿镍黄铁矿矿石：粒状、火焰状胶体结构，包含、交代网格状结构，浸染状构造。金属矿物包括磁铁矿（*Mt* 6%）、黄铁矿（*Py* 1%）和镍黄铁矿（*Pn* 3%）等。磁铁矿灰带棕反射色，大部分晶体分布在硫化物矿物的边缘（照片 3-11-1），少量晶体定向分布在绿泥石的解理缝中，受分布空间限制为板条状（照片 3-11-2）。黄铁矿黄白反射色，均为大小不等的火焰状集合体（照片 3-11-3），多被磁铁矿集合体不同程度地包裹。镍黄铁矿为 0.05~0.5*mm* 的半自形粒状，完全被磁铁矿集合体包裹，同时磁铁矿沿镍黄铁矿的两组解理缝充填交代，具网格状结构（照片 3-11-4），镍黄铁矿具淡黄色反射色（低于黄铁矿），两组解理发育。（单偏光）

照片 3-12　JcB-6

　　灰绿色磁铁矿化蛇纹石岩：纤维状变晶结构，网块状构造，岩石由变晶矿物蛇纹石、绿泥石、滑石和金属矿物等组成。绿泥石鳞片近无色，长轴在 0.1~0.7*mm*，蛇纹石均为纤维状。金属矿物依据强磁性推测主要为磁铁矿。

照片 3-13　Jcb-6

　　磁铁矿化蛇纹石岩：纤维状变晶结构，网块状构造。岩石由蛇纹石（*Sep* 86%）、绿泥石（*Chl* 3%）、滑石（*Tc* 4%）和磁铁矿等组成。绿泥石鳞片的长轴在 0.1~0.7*mm*，具黄褐色异常干涉色，分布分散且明显弯曲。滑石为 0.02~0.05*mm* 的细微状鳞片，干涉色鲜艳，仅局部富集。蛇纹石为 0.02~0.2*mm* 的纤维状，构成 0.05~2.0*mm* 的集合体，集合体内纤维状晶体平行消光或近于平行消光，不同的集合体被金属矿物集合体阻隔，整体网块状构造。（正交）

照片 3-14　JcB-7

　　辉石岩型黄铜矿镍黄铁矿矿石：粒柱状镶嵌结构，块状构造，岩石由金属矿物和脉石矿物两部分组成，金属矿物包括黄铜矿、磁黄铁矿和镍黄铁矿等，以磁黄铁矿为主，约占金属矿物的 60%，金属矿物的含量较高具块状构造。脉石矿物为辉石，被金属矿物阻隔成单晶体和大小不等的团块，岩石中穿插细小的石英方解石脉体，辉石受熔蚀，棱边略显圆滑，具短柱状和近粒状的形态和轮廓，部分晶体的横断面近多边形，长轴主要在 0.1~1.5*mm*，大小连续，部分晶体的边缘和解理缝呈轻微绿泥石化和纤闪石化。

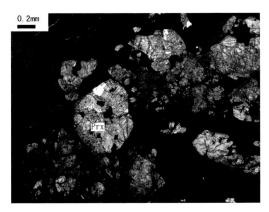

照片 3-15-1　Jcb-7（单偏光）

照片 3-15-2　Jcb-7（正交）

　　辉石岩型黄铜矿镍黄铁矿矿石：粒柱状镶嵌结构，块状构造。脉石矿物辉石（*Prx* 33%）被金属矿物阻隔成单晶体和大小不等的团块（照片 3-15-1）。辉石受熔蚀，棱边略显圆滑，具短柱状和近粒状的形态或轮廓，部分晶体的横断面近多边形，粒径 0.1~1.5*mm*，高正突起，具两组近于正交的辉石式解理，柱面斜消光，干涉色鲜艳（照片 3-15-2），属单斜辉石。大小不等的辉石晶体彼此紧密镶嵌，具粒柱状镶嵌结构。

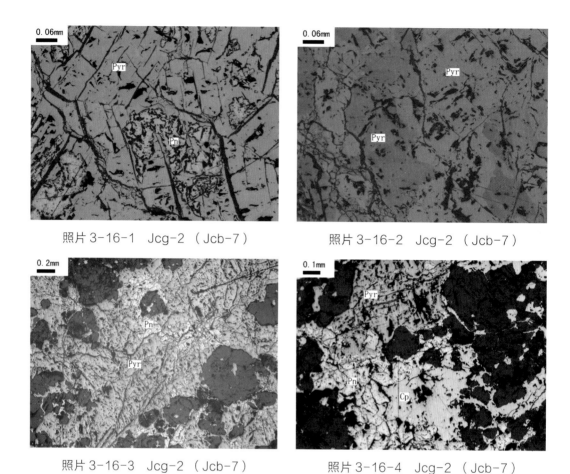

照片 3-16-1　Jcg-2（Jcb-7）　　　　照片 3-16-2　Jcg-2（Jcb-7）

照片 3-16-3　Jcg-2（Jcb-7）　　　　照片 3-16-4　Jcg-2（Jcb-7）

　　辉石岩型黄铜矿镍黄铁矿矿石：粒状结构，结状固溶体分离结构，块状构造。金属矿物为黄铜矿（*Cp* 1%）、磁黄铁矿（*Pyr* 58%）和镍黄铁矿（*Pn* 7%）等。镍黄铁矿属磁黄铁矿的固溶体分离物（照片 3-16-1），0.03~0.4*mm* 的不规则粒状，局部略富集。磁黄铁矿以 0.04~0.8*mm* 的半自形—它形粒状为主，浅玫瑰棕色反射色，黄灰—红棕色偏光色（照片 3-16-2），磁黄铁矿含量较高，彼此衔接或紧密镶嵌，构成致密程度差异的集合体（照片 3-16-3）。铜黄色反射色的黄铜矿仅分布在矿石的局部，0.03~0.5*mm* 的半自形—它形粒状，部分晶体为尖棱角状交代镍黄铁矿（照片 3-16-4）。（单偏光）

照片 3-17　JcB-8

　　蛇纹石岩型磁黄铁矿镍黄铁矿矿石：纤维变晶结构，变余海绵陨铁结构，网块状构造。岩石由金属矿物和脉石矿物两部分组成。金属矿物包括磁黄铁矿（5%）、镍黄铁矿（27%）和磁铁矿（6%）等，金属矿物基本均匀分布。脉石矿物以蛇纹石为主，含微量绿泥石。金属矿物主要充填在脉石矿物集合体的周围，具变余海绵陨铁结构。蛇纹石均为细微的纤维状。

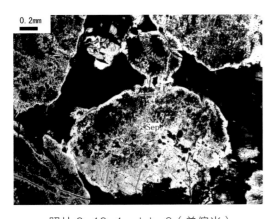

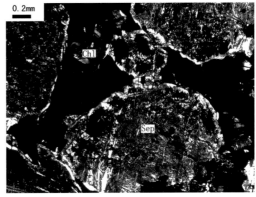

照片 3-18-1　Jcb-8（单偏光）　　　　　　照片 3-18-2　Jcb-8（正交）

　　蛇纹石岩型磁黄铁矿镍黄铁矿矿石：纤维变晶结构，变余海绵陨铁结构，网块状构造。脉石矿物为蛇纹石（*Sep* 60%）和绿泥石（*Chl* 2%），金属矿物主要充填在脉石矿物集合体的周围，具变余海绵陨铁结构（照片 3-18-1）。蛇纹石为 0.02~0.04*mm* 的纤维状，构成 0.1~3.0*mm* 边缘截然的集合体，（照片 3-18-2），部分集合体具粒柱状轮廓假象，蛇纹石的集合体内富含一定量的粉末状磁铁矿，集合体的色较深。绿泥石鳞片多分布在蛇纹石集合体的边缘，沿解理缝定向分布板条状的金属矿物，部分绿泥石轻微弯曲。

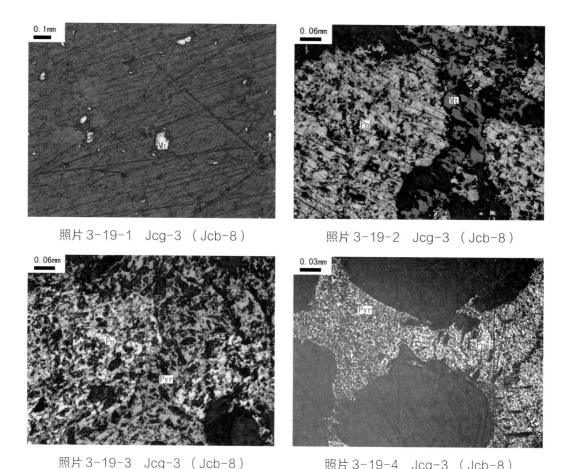

照片 3-19-1　Jcg-3（Jcb-8）　　　　照片 3-19-2　Jcg-3（Jcb-8）

照片 3-19-3　Jcg-3（Jcb-8）　　　　照片 3-19-4　Jcg-3（Jcb-8）

　　蛇纹石岩型磁黄铁矿镍黄铁矿矿石：粒状结构，网格状、海绵陨铁结构，稠密浸染状构造。金属矿物为磁黄铁矿（Pyr 27%）、镍黄铁矿（Pn 6%）和磁铁矿（Mt 5%）等。磁铁矿多以0.02~0.15mm 的自形—半自形粒状为主（照片 3-19-1），局部富集；微量粉末状磁铁矿分散分布；铜镍硫化物集合体周围的磁铁矿为它形粒状。镍黄铁矿为 0.1~1.0mm 的半自形—它形粒状，常被磁铁矿集合体沿解理缝充填、交代具网格状结构（照片 3-19-2）。磁黄铁矿为 0.1~3.0mm 的半自形—它形粒状，与镍黄铁的具近平直的共结边（照片 3-19-3）。大部分的铜镍硫化物矿物彼此衔接，形成的不规则状集合体多分布在超镁铁质硅酸岩矿物次生形成的蛇纹石集合体周围，具海绵陨铁结构（照片 3-19-4）。（单偏光）

照片 3-20 JcB-9

透闪石蛇纹石岩型黄铜矿镍黄铁矿矿石：柱状纤维变晶结构，变余填隙结构，网块状构造。岩石由金属矿物和脉石矿物两部分组成。金属矿物包括黄铜矿（5%）、磁黄铁矿（13%）、镍黄铁矿（5%）、磁铁矿（6%）和微量黄铁矿等。脉石矿物包括蛇纹石和透闪石。

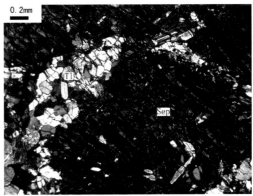

照片 3-21-1 Jcb-9（单偏光）　　　　　照片 3-21-2 Jcb-9（正交）

透闪石蛇纹石岩型黄铜矿镍黄铁矿矿石：柱状纤维变晶结构，变余填隙结构，网块状构造。脉石矿物为蛇纹石（Sep 45%）和透闪石（Tl 25%）。蛇纹石为长轴介于 0.02~0.2mm 的纤维状，与粉末状磁铁矿紧密伴生，构成大小不等边缘较截然的暗色集合体（照片 3-21-1），部分集合体具粒柱状的轮廓假象。透闪石多为短柱状，长轴 0.1~1.0mm，柱状晶体的横断面具闪石式解理。透闪石集合体状围绕在蛇纹石集合体的边缘，似充填在其中，具变余填隙结构（照片 3-21-2）。

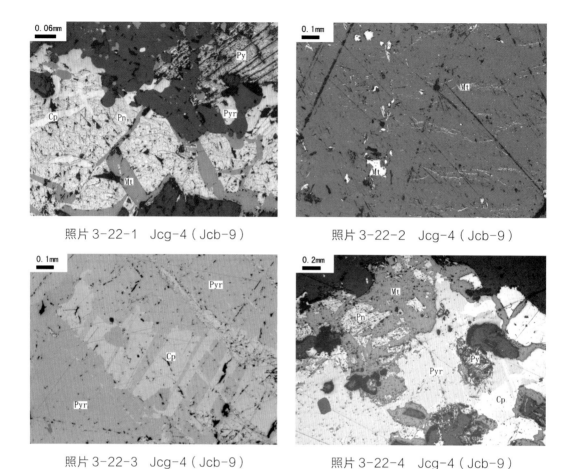

照片 3-22-1　Jcg-4（Jcb-9）　　　　　照片 3-22-2　Jcg-4（Jcb-9）

照片 3-22-3　Jcg-4（Jcb-9）　　　　　照片 3-22-4　Jcg-4（Jcb-9）

　　透闪石蛇纹石岩型黄铜矿镍黄铁矿矿石：粒状结构，镶边结构，固溶体分离结构，不均匀稠密浸染状构造。矿石的金属矿物包括黄铜矿（Cp 5%）、磁黄铁矿（Pyr 13%）、镍黄铁矿（Pn 5%）、磁铁矿（Mt 6%）和微量黄铁矿（Py）等。磁铁矿多成因，包括自形程度差异的粒状、板条状和粉末状等，粉末状晶体构成断续线状集合体（照片 3-22-1），粒径主要介于 0.02~0.2mm。镍黄铁矿为 0.1~0.5mm 的半自形—它形粒状，具有格子状的黄铜矿固溶体分离物（照片 3-22-2）。磁黄铁矿为 0.1~3.0mm 的半自形—它形粒状，具乳黄带棕—棕色带红的反射多色性（照片 3-22-3），有细脉状的黄铜矿固溶体分离物。黄铜矿为 0.1~1.0mm 的它形粒状。黄铁矿为火焰状集合体。大部分的铜镍硫化物矿物相互交代和共生，形成复杂的团块状，磁铁矿分布在集合体的边缘形成不连续镶边结构（照片 3-22-4）。（单偏光）

照片 3-23　JcB-10

　　白云母白云石岩型镍黄铁矿黄铜矿矿石：鳞片粒状变晶结构，略显定向构造。岩石由金属矿物和脉石矿物两部分组成。矿石的金属矿物包括磁铁矿（1%）、黄铜矿（19%）、磁黄铁矿（5%）和镍黄铁矿（2%）等。脉石矿物包括变晶矿物白云石、白云母和绿泥石等。白云石以近等轴粒状为主，自形晶体具棱边平直的菱形切面，白云母鳞片的切面多规则，绿泥石均为不规则的鳞片状集合体。

照片 3-24　Jcb-10

　　白云母白云石岩型镍黄铁矿黄铜矿矿石：鳞片粒状变晶结构，略显定向构造。脉石矿物为白云石（*Do* 35%）、白云母（*Mu* 32%）和绿泥石（*Chl* 6%）等。白云石近等轴粒状，自形晶体具棱边平直的近菱形切面，粒径 0.1~1.0*mm*，包含自形的细粒金属矿物。鳞片状白云母和绿泥石的长轴在 0.05~0.5*mm*，多轻微斜列和弯曲，均消光不均匀，白云母和绿泥石常紧密伴生。绿泥石集合体为草绿色，具墨水蓝异常干涉色。各类矿物彼此稳定共生，长轴略显定向。（正交）

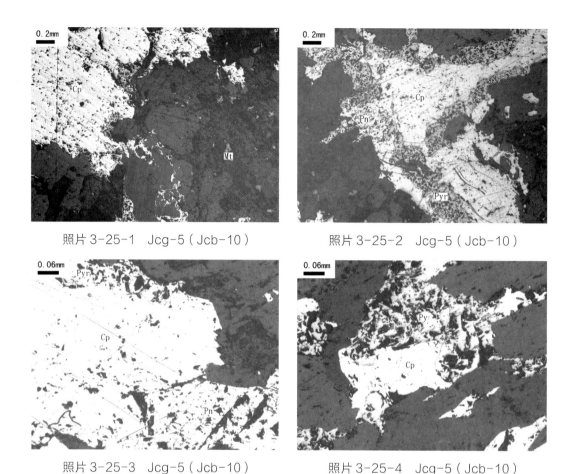

照片 3-25-1　Jcg-5（Jcb-10）　　　　照片 3-25-2　Jcg-5（Jcb-10）

照片 3-25-3　Jcg-5（Jcb-10）　　　　照片 3-25-4　Jcg-5（Jcb-10）

　　白云母白云石岩型镍黄铁矿黄铜矿矿石：粒状结构，包含交代结构，稠密浸染状构造。金属矿物为磁铁矿（Mt 1%）、黄铜矿（Cp 19%）、磁黄铁矿（Pyr 5%）和镍黄铁矿（Pn 2%）等。磁铁矿为 0.02~0.15mm 的自形—半自形粒状，常具近多边形切面（照片 3-25-1），局部略富集。镍黄铁矿、磁黄铁矿和黄铜矿多紧密伴生，构成 0.5~5.0mm 大小的不规则状团块（照片 3-25-2），高含量区不同的团块往往彼此衔接，黄铜矿不同程度的包裹交代镍黄铁矿和磁黄铁矿，被包裹的晶体棱边略显圆滑（照片 3-25-3、照片 3-25-4），镍黄铁矿和磁黄铁矿的粒径分别在 0.1~0.5mm 和 0.05~1.0mm。（单偏光）

第四章　铜　矿

第一节　矿种介绍

　　铜是一种呈紫红色光泽的金属，密度 8.92g/cm³。熔点 1083.4±0.2℃，沸点 2567℃。有很好的延展性，导热和导电性能较好。铜是与人类关系非常密切的有色金属，被广泛地应用于电气、轻工、机械制造、建筑工业、国防工业等领域，在中国有色金属材料的消费中仅次于铝。

　　甘肃铜矿资源较丰富，约 95% 的保有资源储量集中分布于金川白家嘴子、白银厂、小铁山、白山堂、公婆泉及陈家庙等大、中型矿床中，资源储量分布集中，主要矿山在金川和白银厂两地。区内铜矿成矿时间从元古代到中生代都有铜矿床产出。但甘肃省内主要的大、中型铜矿床主要成矿期为加里东早、中期和中元古代（长城纪）。铜矿主要产于岛弧、微洋盆、弧后盆地及大陆边缘深断裂带。

　　（1）岩浆熔离型

　　产于基性岩—超基性岩中的岩浆熔离型铜镍矿，其成矿岩体主要产于大陆边缘深断裂带中，代表的矿床为白家嘴子铜镍矿床和黑山铜镍矿。

　　（2）斑岩型

　　已知斑岩型铜矿产地 11 处，达到矿床规模的有 2 处，为太阳山和公婆泉铜矿，均为中、小型。近年来，在阿尔金山南麓，发现化石沟铜矿，赋存于华力西晚期英云闪长（斑）岩内，该斑岩形状为长条带状，呈北北东向展布。岩石局部糜棱岩化较强，岩石具绢英岩化、黑云母化、硅化、高岭土化，所见铜矿物主要有孔雀石、黄铜矿、斑铜矿及少量铜蓝，并见白钨矿化，矿化与绢英岩化、硅化关系密切。

（3）接触交代型

主要产于中、深成中酸性侵入体与碳酸盐岩接触交代，具有标型矽卡岩矿物共生组合的铜矿，即广义的矽卡岩型矿床。它与斑岩型、火山岩型常常相伴又相异，且相互过渡。代表性矿床为辉铜山铜矿床，其位于辉铜山—白山堂隆起带西段，其成矿作用与海西期花岗岩有关，矿体产于岩体与碳酸盐岩接触带上（接触交代型铜矿）。已知矽卡岩型铜矿产地 7 处，均为小型矿床。

（4）海相火山气液型

产于元古宙、早古生代细碧角斑岩系中，含矿细碧角斑岩系包括元古宙、早古生代两个构造（岩浆旋回的产物），其中以早古生代最为重要。早古生代细碧角斑岩系主要分布于北祁连段。火山岩有两类组合：产于岛弧背景的细碧—石英角斑岩组合和形成于微洋盆环境的蛇绿岩型细碧岩组合。前者为白银矿田的容矿建造，后者为银硐沟式矿床的含矿建造。元古宙细碧角斑岩系中的铜矿，目前仅在张家川隆起长城系中产铁铜矿床和碧口地体蓟县系赋存铜（金）矿床，以文县筏子坝铜矿为代表。奥陶纪含蛇绿岩中基性火山—沉积岩带中的铜矿，位于北祁连西段，矿床（点）与矿体成群成带出现，具层控性。与喷气沉积岩红碧玉岩伴随，形成于弧间或弧后扩张的中基性火山喷发—沉积环境，可归属为"塞浦路斯型"。以九个泉—石居里铜矿为代表。

（5）海相沉积型

主要赋存于北祁连西段马营河—大野口一带，断续延伸长达约 400km。出露地层为志留系，呈北西—南东向展布，矿体发育于灰—灰绿色砂岩层中，底板为紫红色砂岩，为沉积环境由氧化环境转变为还原环境后的产物。已知的有肃南县天鹿小型矿床，在沿干沟—老虎沟、天桥湾、牦牛沟、三把羊、红口子成带分布。

主要成矿期为元古代（长城—蓟县纪）和加里东期（中晚寒武世—中奥陶世），次为华力西中期（晚石炭世）。

元古代：矿床类型以岩浆型铜镍矿床为主，金川含矿岩体 Sm-Nd 等时线年龄1508Ma；次为沉积变质—热液改造型，镜铁山式铁铜金组合矿床，含矿地层及沉积铁矿时代为长城纪，铜矿形成于蓟县纪；前长城纪火山沉积—变质型铁铜矿，目前仅见有张家川县陈家庙。

加里东期：以火山岩型铜及多金属矿床为主，次为喷气沉积型铜锌矿（容矿地层为中奥陶统）。华力西期以斑岩型铅铜矿为主。

第二节 矿床介绍

一、海相火山岩型铜矿—白银铜矿

（一）成矿地质背景

白银铜矿床位于华北板块南缘和柴达木板块的接合部、北祁连造山带的东段。白银矿田隶属于石青硐—白银厂带，包括白银厂、石青硐等地区。成岩成矿于裂谷—岛弧环境。矿床位于白银矿田块段东段。依据火山喷发韵律及岩石组合特征，将矿区内中寒武世火山岩划分为 2 个喷发旋回，3 个岩组。矿床产于寒武纪黑茨沟组 C 岩段（$\in h^c$）之中，在火山喷发旋回中，居第二喷发旋回的下部亚旋回。矿区内地层因受长期构造挤压，热液蚀变叠加，矿区的总体褶皱趋向于背斜构造，区内未见规模较大的断裂。矿区侵入岩仅见花岗斑岩及石英钠长斑岩两种。

（二）矿床地质特征

白银矿田范围约 40km²，位于北祁连加里东褶皱带的东延部分，是中部构造火山岩带酸性火山杂岩出露面积最大的区域。矿田由 5 个已知的工业矿床组成，即：折腰山、火焰山、小铁山、四个圈和铜厂沟矿床，前两个矿床分布于矿田西区，后三个矿床则分布于矿田东区。

各矿床均赋存于中寒武统富钠质海底火山喷发双峰式细碧角斑岩系酸性岩中，其中夹有千枚岩、硅质岩、大理岩及各类火山角砾岩和集块岩。各矿床的直接围岩和含矿岩石均为石英角斑凝灰岩（钠流纹质凝灰岩）类。研究表明石英角斑凝灰岩层的岩石组合并不简单，实际上是由中－粗粒石英角斑凝灰岩、细粒石英角斑凝灰岩夹多层凝灰质千枚岩、凝灰质绿泥石片岩、次硬砂岩等凝灰质岩层组成。

区内褶皱构造主要为白银厂复式背斜，轴向为北西西—南东东。矿田内主要矿床（折腰山、小铁山矿等）产出特征与该褶皱构造有着密切的空间关系，各矿床含矿层均为次一级背斜核部石英角斑凝灰岩。白银矿田的含矿蚀变石英角斑凝灰岩层（π3），可分3个矿带。北矿带（铜厂沟—拉牌沟—宋家趟含矿带），长2300m，宽300~500m，该带内有铜厂沟小型铜、铅、锌矿床，拉牌沟小型铅、锌矿床，宋家趟铜、铅、锌矿化点。中矿带（小铁山—四个圈—折腰山—折腰山西含矿带），长3300m，宽300~400m。其中折腰山矿床14线以西π3层隐伏在硅质千枚岩、碳质千枚岩及中—基性火山岩之下，经钻孔验证π3层位确实以35°向西侧伏，埋深＞300m。该带内有小铁山大型铜、铅、锌矿床，四个圈小型铜、铅、锌矿床，宋家趟铜、铅、锌矿化点，折腰山大型铜、锌矿床，折腰山西孔雀石化矿点。南矿带（四海沟—车路沟—火焰山含矿带），长5000m，宽100~400m，车路沟的含矿π3层向东侧伏于四海沟不整合面以下，经钻孔证实不整合面向东以14°~29°侧伏，π3层位埋深350m，以往钻探控制隐伏π3层位延长＞1000m。该带内有四海沟型铜、铅、锌矿化点，车路沟黄铁矿化点，火焰山大型铜、锌矿床。

断裂构造划分为北西西向、北西/北北东向断裂。

北西西向构造控制着矿田内火山岩及其含矿层和矿化的分布，在区内主要表现为复式背斜褶皱及纵向断裂，其中，各次级背斜与岩体和矿体就位的关系密切。

北西/北北东向断裂为成矿后期断裂，根据物探解译结果，矿田内存在3条深大隐伏断裂，即房子沟—白银市深大断裂、折火—黑石山深断裂、东长沟南—小铁山断裂，它们对矿田的形成和演化均起到重要作用（图4-1）。

研究表明，北东向断裂不仅使火山岩带及深部巨大基性岩体发生南北向位移，并在北西西向断裂交汇部位控制着火山喷发中心、岩体的侵入，以及块状硫化物矿床和金矿的分布。

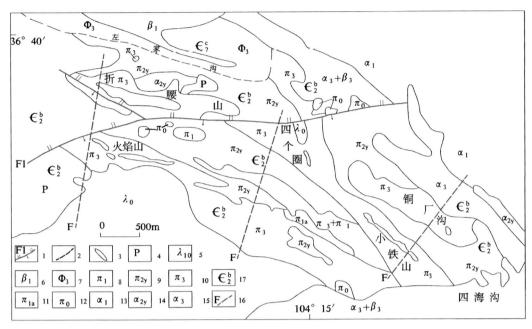

图 4-1　白银铜矿矿区地质示意图（据严济南修改，1982）

1- 逆断层；3- 不整合接触边界；3- 矿体；4- 千枚岩；　3- 辉绿岩；6- 细碧岩；7- 细碧质凝灰岩；8- 石英角斑岩；9- 含集块石英角斑凝灰熔岩；10- 石英角斑凝灰岩；11- 钠长斑岩；13- 石英钠长斑岩；13- 角斑岩；14- 含集块角斑岩；13- 角斑凝灰岩；16- 物探资料推测隐伏断裂。

（三）矿体特征

1. 折腰山矿床

折腰山矿床的矿体往往成群产出，矿床东起ⅠA西至ⅩⅢ行长1150m，矿化带厚度250~300m。Ⅶ行以西矿体走向为N65°W~N80°W，倾角50°~70°，Ⅶ行以东矿体走向为N75°W至东西向，倾角S65°~75°W至SE85°左右。矿体品位一般是东富西贫。东部矿体厚大集中陡倾斜，多呈扁豆状和透镜状集合体。西部矿体层位较薄，且多分枝复合，形状变化复杂，倾斜角较缓，多呈脉状或似脉状矿体群沿空间展布。折腰山深部矿体的铜金属主要集中在1、3号两个主矿体，其合计储量占全区总储量的93.44%，各矿体一般是上部和中间部位最大，向深部和两翼有分枝尖灭的趋势。矿体沿走向和倾斜均有断续再现的现象（图4-2）。

2. 火焰山矿床

火焰山残留矿体的铜金属主要集中在115、116、117、118号4个主矿体，其合计储量占残留矿体总储量的93.44%，各矿体形态简单，呈透镜状和似层状，向

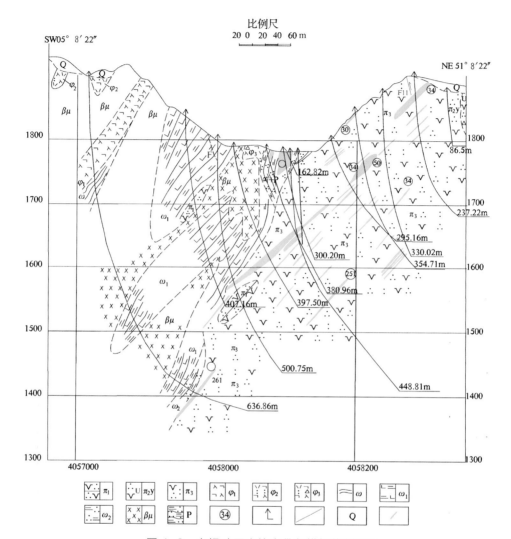

图4-2 白银矿区火焰山Ⅲ行勘探线剖面图

1- 石英角斑岩；2- 含角砾石英角斑凝灰熔岩；3- 石英角斑凝灰岩；4- 细碧玢岩；5- 细碧玢岩凝灰岩；6- 含角砾细碧玢岩凝灰岩；7- 片岩；8- 绢云钙质片岩；9- 石英绢云片岩；10- 变质辉绿岩；11- 千枚岩；12- 矿体编号；13- 钻孔；14- 逆断层；15- 废石堆。

深部和两翼有分枝尖灭的趋势（图4-3）。

3. 凤凰山矿体

矿床圈定矿体有3个，其中1号矿体纵贯全区走向长度300m，延深230m，占总储量的一半以上，其次为2、3号矿体，走向长度100~150m，延深100m左右。其中3号矿体分布在矿床的上部，2号矿体分布在矿床的下部，3个矿体形状呈似

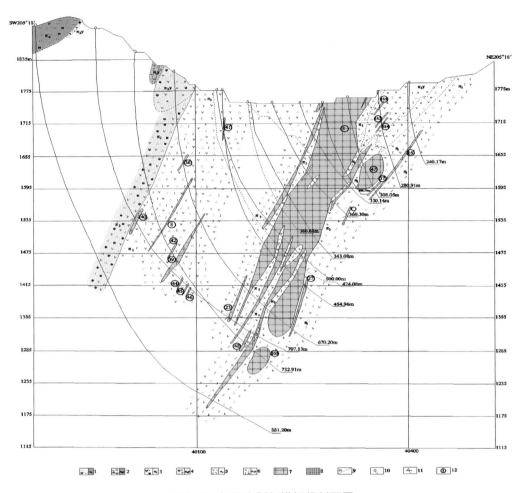

图 4-3 折腰山Ⅳ行勘探线剖面图

1- 石英钠长斑岩；2- 含角砾石英角斑岩；3- 石英角斑凝灰熔岩；4- 含角砾石英角斑凝灰熔岩；5- 石英角斑凝灰岩；6- 含角砾石英角斑凝灰岩；7- 铜矿体；8- 表外铜矿体；9- 断层；10- 钻孔；11- 投影钻孔；12- 矿体编号。

层状、透镜状，走向 N25°W，倾向 S65°W，倾角 45°~65°。该矿床属硫化物矿床，氧化表生的分带现象明显，表层（1838m 以上）氧化带，氧化金富集成矿，有古人开采老硐；次生富集带（1700~1838m）主要形成次生硫化物矿石，有兰铜矿、辉铜矿、黄铁矿等，含少量方铅矿和闪锌矿，并伴生有金、银；原生成矿带（1700m 以下）主要形成原生矿石。

（四）矿石特征

矿石中金属矿物主要有黄铁矿、闪锌矿、方铅矿、黄铜矿，其次含有少量毒砂、磁铁矿、磁黄铁矿，次生变化的矿物有铜兰、斑铜矿、辉铜矿。脉石矿物有绿泥石、绢云母、石英、长石、重晶石、方解石等。

矿物的生成顺序应为：黄铁矿→毒砂、磁铁矿→脉石→闪锌矿、黄铜矿→方铅矿。

矿石结构有交代结构、包裹状结构、交代文象结构、嵌晶结构、熔蚀结构、压碎结构、自形粒状结构、交代残余结构、乳状结构等。矿石构造为块状、浸染状构造（稀疏、条带状、细脉）。

围岩蚀变仅有很少的铁帽及黄钾铁矾化，与矿化有密切关系的围岩蚀变没有明显的标志，从坑道和钻孔的岩芯观察，主要有绿泥石化、硅化、绢云母化、重晶石化、黄铁矿化及碳酸盐岩化。

矿石工业类型为块状矿石、浸染状矿石。

（五）成矿模式

在火山作用的晚期，随着石英钠长斑岩的侵入，下渗海水因火山喷发后的浅部岩浆房的降温减压作用而进入岩浆房，经加热和与岩浆热液混合（部分不熔融）平衡，在高温高压下同时萃取岩浆岩和沿火山通道继承性成岩断裂系统形成的热液，喷流系统周围火山岩的成矿元素形成富含成矿物质的成矿热液，当热流体被"泵"送向上喷流到喷流口和水岩界面之下的通道系统时，由于降温降压作用，在火山穹窿东部喷发中心铜厂沟—拉牌沟火山喷口斜坡处的碱性或者弱碱性还原环境中，成矿元素沉淀富集，形成了小铁山铜—铅—锌型矿床，成矿模式详见图4-4。

由于沿火山喷发通道继承性成岩断裂系统喷流的热流体的温度、盐度和水岩比值，较沿火山喷口斜坡继承性断裂系统的高，故形成Pb-Zn-Cu型以及Zn-Pb-Cu型矿床，与日本的"黑矿"类比，既具有与黑矿型矿床总体相一致的共性，又有白银矿田矿床自己的独特性，并称之为"黑矿型白银厂式"矿床。

作为海底热液对流循环主成矿作用（形成铜多金属硫化物工业矿床）的继续和延伸，在白银矿田中相继形成热水沉积岩家族中的铁锰硅质岩类及铁锰矿点，其中铁硅质岩与成矿关系更为密切，从而构成白银矿田矿床系列中的一员。

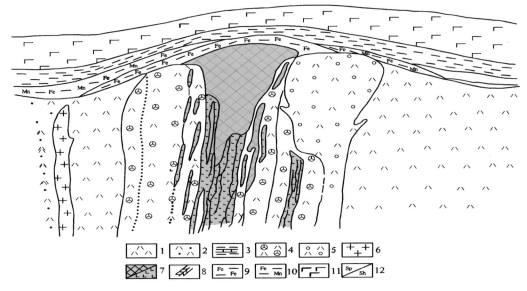

图 4-4　折腰山铜—锌矿床成矿模式图（据余超等，2017）

　　1- 酸性粗火山碎屑岩；2- 酸性细火山碎屑岩；3- 凝灰质千枚岩、千枚岩夹灰岩；4- 石英角斑碎斑熔岩；5- 石英角斑熔岩质角砾集块岩；6- 石英钠长斑岩；7- 块状和浸染状矿；8- 网脉状矿石；9- 含铁硅质岩；10- 铁锰硅质岩、铁锰结核；11- 基性火山岩（细碧岩类）；12- 绢云母硅化带 / 绿泥石化带。

（六）矿床标本简述

　　白银市白银深部铜矿区共采集岩矿石标本共 11 块（表 4-1）。其中矿石标本 6 块，岩石标本 5 块。矿石标本岩性为浅黄色绿泥石岩型黄铁矿黄铜矿矿石、浅黄色黄铁矿黄铜矿矿石、浅灰色黄铁矿黄铜矿矿石、深灰色白云母石英岩型方铅矿闪锌矿矿石、条带状硅灰石岩型方铅矿黄铜矿闪锌矿矿石、含白云母石英岩型方铅矿闪锌矿矿石。岩石标本岩性为灰绿色绿泥白云石绢云母千枚岩、灰绿色千枚状钠长阳起绿帘石片岩、深灰色白云石绿泥绢云母千枚岩、浅肉红色钾质石英角斑岩、灰白色片状矿化白云母石英岩。本次采集的标本基本覆盖了白银深部铜矿不同类型的矿石、岩石及围岩，较全面地反映了白银地区海相火山岩型铜矿的地质特征。

表4-1　白银深部铜矿采集典型标本

序号	标本编号	标本岩性	标本类型	薄片编号	光片编号
1	ByB-1	灰绿色绿泥白云石绢云母千枚岩	围岩	Byb-1	
2	ByB-2	灰绿色千枚状钠长阳起绿帘石片岩	围岩	Byb-2	
3	ByB-3	深灰色白云石绿泥绢云母千枚岩	围岩	Byb-3	
4	ByB-4	浅肉红色钾质石英角斑岩	岩石	Byb-4	
5	ByB-5	灰白色片状矿化白云母石英岩	围岩	Byb-5	
6	ByB-6	浅黄色绿泥石岩型黄铁矿黄铜矿矿石	矿石	Byb-6	Byg-1
7	ByB-7	浅黄色黄铁矿黄铜矿矿石	矿石	Byb-7	Byg-2
8	ByB-8	浅灰色黄铁矿黄铜矿矿石	矿石	Byb-8	Byg-3
9	ByB-9	深灰色白云母石英岩型方铅矿闪锌矿矿石	矿石	Byb-9	Byg-4
10	ByB-10	条带状硅灰石岩型方铅矿黄铜矿闪锌矿矿石	矿石	Byb-10	Byg-5
11	ByB-11	含白云母石英岩型方铅矿闪锌矿矿石	矿石	Byb-11	Byg-6

（七）岩矿石光薄片图版及说明

照片4-1　ByB-1

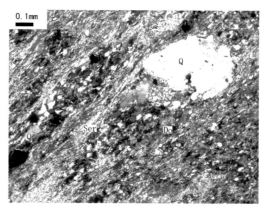

照片4-2　Byb-1

灰绿色绿泥白云石绢云母千枚岩：粒状鳞片变晶结构，千枚状构造。岩石由绢云母、绿泥石、石英和白云石等组成，各类变晶矿物分布不均匀，常具成分差异的渐变团块或断续条带，矿物的长轴和集合体的长轴明显定向构成千枚理，千枚理与成分条带的方向一致。

绿泥白云石绢云母千枚岩：粒状鳞片变晶结构，千枚状构造。岩石以变晶矿物绢云母（Ser 44%）、石英（Q 25%）、白云石（Do 15%）和绿泥石（6%）为主，少量变余火山碎屑物晶屑石英（Q 照片中粒径明显粗大）。变晶矿物分布不均匀，具成分差异的渐变团块或断续条带，千枚理与成分条带的方向一致。晶屑石英具炸裂和熔蚀的双重特征，多为棱角状，个别尖棱角状，有的晶体具熔蚀港湾，粒径在 0.3~0.7mm，消光不均匀，长轴具定向性。（正交）

照片 4-3　ByB-2

灰绿色千枚状钠长阳起绿帘石片岩：鳞片粒状变晶结构，不完全片状构造。岩石由变晶矿物石英、钠长石、阳起石、绿帘石和黑云母等组成。相对致密的岩石裂开面略显丝绢光泽。各类矿物基本均匀分布，矿物的长轴和集合体的长轴明显定向，由于矿物粒径细小，岩石的片状构造不完全。

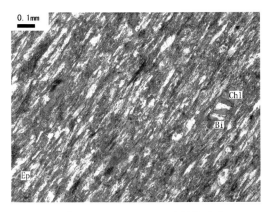

照片 4-4-1　Byb-2（单偏光）

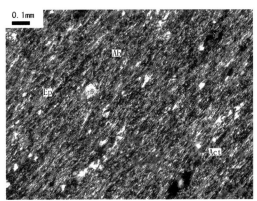

照片 4-4-2　Byb-2（正交）

千枚状钠长阳起绿帘石片岩：鳞片粒状变晶结构，不完全片状构造。组分为变晶矿物石英（Q 18%）、钠长石（Ab 22%）、阳起石（Act 20%）、绿帘石（Ep 37%）和黑云母（Bi 3%）等。石英和钠长石以 0.015~0.05mm 的它形粒状为主。绿帘石为彼此衔接的弥散状集合体，高正突起；阳起石针状，常与绿帘石紧密伴生，干涉色较鲜艳。黑云母鳞片褐色，长轴 0.1~0.3mm，部分晶体退变不同程度的绿泥石（Chl）化（照片 4-4-1）。各类矿物定向具不完全片理（照片 4-4-2）。

照片 4-5　ByB-1

照片 4-6　Byb-1

灰绿色绢云母千枚岩：变斑晶结构，粒状鳞片变晶结构，千枚状构造。受多期变质变形，岩石由变晶矿物绢云母、绿泥石、石英和白云石等组成。弯曲状的裂开面略显丝绢光泽。变晶矿物长轴明显定向构成千枚理，受应力作用千枚理微褶曲。

白云石绿泥绢云母千枚岩：变斑晶结构，粒状鳞片变晶结构，千枚状构造。受多期变质变形，岩石由变晶矿物绢云母（Ser 41%）、绿泥石（Chl 28%）、石英（Q 2%）和白云石（Do 28%）等组成。绢云母和绿泥石鳞片的长轴多在 0.02~0.05mm，绿泥石具锈褐色异常干涉色。绢云母和绿泥石的长轴定向构成千枚理，千枚理局部微褶曲。变斑晶白云石的粒径为 0.1~1.0mm，自形程度差异较大，长轴切割千枚理，包裹的绢云母与晶体外的绢云母粒径大小相近，长轴方向一致，白云石属主变形期后的产物。（正交）

照片 4-7　ByB-4

浅肉红色钾质石英角斑岩：斑状结构，基质微粒结构，块状构造。岩石由粒径截然的斑晶和基质组成，局部穿插断续状石英岩细脉。斑晶包括钾长石（23%）、斜长石（5%）和石英（10%）等，粒径 0.5~2.0mm。斑晶矿物在岩石中基本均匀分布。基质包括长英质和次生绢云母等，粒径细小多不易确定种属；绢云母多富集成近定向分布的渐变条带。

照片 4-8　Byb-4

钾质石英角斑岩：斑状结构，基质微粒结构，块状构造。斑晶包括钾长石（Kf 23%）、钠长石（Ab 5%）和石英（Q 10%）等，粒径 0.5~2.0mm。石英受熔蚀棱边多浑圆并具熔蚀港湾。长石多具碎屑状的外形，以次棱角状为主，钠长石具聚片双晶；钾长石属具卡式双晶的正长石。基质包括 0.015~0.05mm 的微粒状长英质和次生绢云母（Ser 17%）等，绢云母的长轴在 0.02~0.07mm，多富集成近定向分布的渐变条带。弯曲且断续状的石英岩脉体宽 0.08~0.4mm。（正交）

照片 4-9　ByB-5

灰白色片状矿化白云母石英岩：鳞片粒状变晶结构，断续条纹状构造，不完全片状构造。岩石组分为变晶石英（70%）、白云母（15%）和矿化金属矿物（15%）等组成。金属矿物主要为黄铜矿、黄铁矿和方铅矿等。

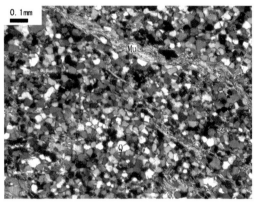

照片 4-10　Byb-5

片状矿化白云母石英岩：鳞片粒状变晶结构，断续条纹状构造，不完全定向构造。岩石组分为变晶石英（Q 70%）、白云母（Mu 15%）和矿化金属矿物等。石英多为 0.04~0.06mm 的近等轴粒状和糖粒状。白云母鳞片的长轴以 0.05~0.3mm 为主，部分细小者向绢云母过渡，常富集成弯曲断续状条纹。石英晶体彼此以 120° 的接触面为主，白云母与石英的棱边平直接触，总体稳定共生，矿物的长轴特别是白云母的长轴定向性较强。（正交）

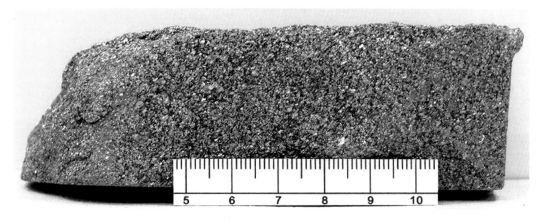

照片 4-11   ByB-6

　　浅黄色绿泥石岩型黄铁矿黄铜矿矿石：鳞片变晶结构，近块状构造。岩石由金属矿物和脉石矿物两部分组成，金属矿物为黄铁矿（40%）和黄铜矿（8%）等，黄铁矿以自形和半自形粒状为主，自形晶体具正方形和多边形切面。黄铜矿主要为它形粒状；脉石矿物包括绿泥石和微量的石英，常被金属矿物阻隔成单晶体或大小不等的不规则状团块。

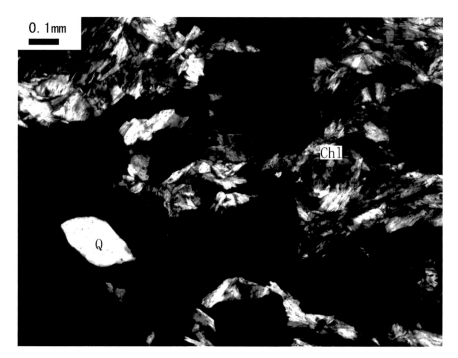

照片 4-12   ByB-6

　　绿泥石岩型黄铁矿黄铜矿矿石：鳞片变晶结构，近块状构造。脉石矿物为绿泥石（*Chl* 51%）和微量石英（*Q*），常被金属矿物阻隔成单晶体或大小不等的团块。石英的棱边多浑圆，星点状分布。绿泥石为不规则的鳞片状，长轴介于 $0.02\sim0.2mm$，一级灰干涉色，多构成完整程度不同的扇状集合体，集合体内扇状或放射状消光。大小不等的绿泥石集合体杂乱分布。（正交）

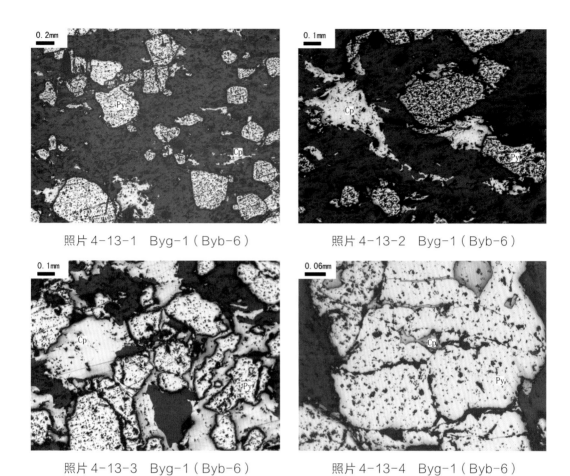

照片 4-13-1　Byg-1（Byb-6）

照片 4-13-2　Byg-1（Byb-6）

照片 4-13-3　Byg-1（Byb-6）

照片 4-13-4　Byg-1（Byb-6）

　　绿泥石岩型黄铁矿黄铜矿矿石：粒状结构，交代、包含结构，稠密浸染状构造。金属矿物为黄铁矿（Py 40%）和黄铜矿（Cp 8%）。黄铁矿以自形和半自形粒状为主（照片 4-13-1），自形晶体具正方形和多边形切面，粒径 0.1~1.0mm。黄铜矿主要为它形粒状（照片 4-13-2），粒径 0.03~0.5mm。黄铜矿的高含量区包裹大小不等的黄铁矿，被包裹的黄铁矿受熔蚀，棱边略显浑圆（照片 4-13-3），部分黄铜矿以枝脉状集合体沿黄铁矿的裂隙分布（照片 4-13-4），并明显交代黄铁矿。（单偏光）

照片 4-14 ByB-7

　　浅黄色黄铁矿黄铜矿矿石：浅黄色，粒状、近板条状结构，块状构造。岩石由金属矿物和脉石矿物两部分组成，金属矿物由黄铁矿（64%）和黄铜矿（10%）组成。黄铁矿晶体多紧密镶嵌构成较致密状集合体，含量较低的区域以自形和半自形粒状为主。黄铜矿完全集合体状分布在黄铁矿集合体的空隙中；脉石矿物为单一的石英（16%），石英被金属矿物阻隔成单晶体和不规则状团块，以不规则粒状为主。

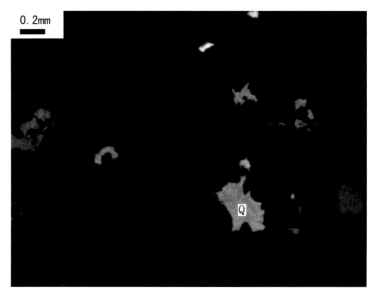

照片 4-15 Byb-7

　　黄铁矿黄铜矿矿石：粒状、近板条状结构，块状构造。脉石矿物为单一的石英（Q 16%），石英被金属矿物阻隔成单晶体和不规则状团块，以不规则粒状为主，部分晶体具板条状轮廓，粒径 0.04~0.7mm。石英晶体彼此的接触面多平直，具稳定态结构，长轴无定向。（正交）

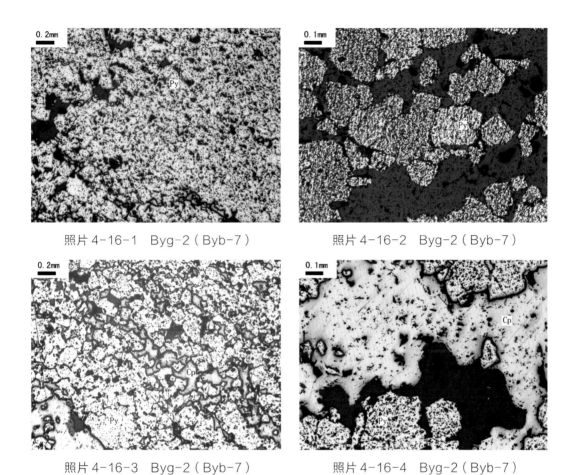

照片 4-16-1　Byg-2（Byb-7）　　　　照片 4-16-2　Byg-2（Byb-7）

照片 4-16-3　Byg-2（Byb-7）　　　　照片 4-16-4　Byg-2（Byb-7）

　　黄铁矿黄铜矿矿石：粒状结构，交代、包含结构，不均匀块状构造。金属矿物为黄铁矿（*Py* 64%）和黄铜矿（*Cp* 10%），黄铁矿多紧密镶嵌构成较致密状集合体（照片 4-16-1），含量较低的区域以自形和半自形粒状为主（照片 4-16-2），粒径 0.05~1.0*mm*。黄铜矿完全集合体状分布在黄铁矿集合体的空隙中（照片 4-16-3），黄铜矿集合体的形态和大小完全受黄铁矿之间空隙的限制，被黄铜矿包含的细粒黄铁矿（照片 4-16-4）受熔蚀，棱边多浑圆。（单偏光）

照片 4-17　ByB-8

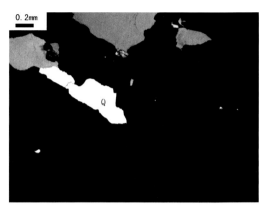

照片 4-18　Byb-8

浅灰色黄铁矿黄铜矿矿石：粒状、板条状结构，定向构造。岩石由金属矿物和脉石矿物两部分组成，金属矿物由分布不均匀的黄铁矿（50%）和黄铜矿（5%）组成。黄铁矿的高含量区彼此构成较致密状集合体。黄铜矿的富集区规模差异的枝脉状集合体相互衔接似网脉状；脉石矿物为石英（15%），被金属矿物阻隔成条块状或单晶体，石英以近等轴粒状和板条状为主。

黄铁矿黄铜矿矿石：粒状、板条状结构，定向构造。单一的脉石矿物石英（Q 15%）被金属矿物阻隔成条块状或单晶体，石英以近等轴粒状和板条状为主，长轴 0.05~4.0mm，彼此的接触面多平直，长轴明显定向。（正交）

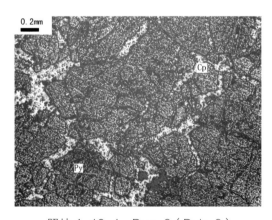

照片 4-19-1　Byg-3（Byb-8）

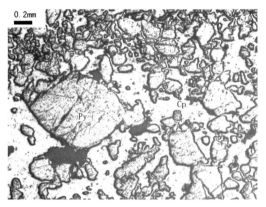

照片 4-19-2　Byg-3（Byb-8）

黄铁矿黄铜矿矿石：粒状结构，交代、包含结构，渐变团块状构造。金属矿物为分布不均匀的黄铁矿（Py 50%）和黄铜矿（Cp 35%）。黄铁矿的高含量区彼此构成较致密状集合体，单晶体的大小和轮廓不易识别，黄铜矿以 0.05~0.5mm 宽的枝脉状集合体充填在黄铁矿集合体的空隙中，该枝脉状集合体横向延伸很短（照片 4-19-1）。黄铜矿的富集区规模差异的枝脉状集合体相互衔接似网脉状（照片 4-19-2），大小不等的黄铁矿晶体被包裹其中，被包裹的黄铁矿受熔蚀，棱边略显浑圆，以 0.05~1.0mm 为主。（单偏光）

照片4-17　ByB-9

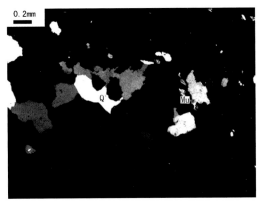

照片4-18　Byb-9

深灰色白云母石英岩型方铅矿闪锌矿矿石：鳞片粒状变晶结构，定向构造。岩石由金属矿物和脉石矿物两部分组成，金属矿物由黄铁矿（36%）、方铅矿（2%）和闪锌矿（50%）等组成。闪锌矿为致密的块状集合体。黄铁矿完全被闪锌矿集合体包裹。方铅矿具纯白反射色，以不规则粒状为主；脉石矿物为石英和白云母，脉石矿物被金属矿物阻隔成单晶体和大小不等的团块。

白云母石英岩型方铅矿闪锌矿矿石：鳞片粒状变晶结构，定向构造。脉石矿物为石英（Q 10%）和白云母（Mu 2%），脉石矿物被金属矿物阻隔成单晶体和大小不等的团块。石英多具近等轴粒状和矩形长条状的形态或轮廓，粒径0.03~0.5mm。白云母鳞片较规则，长轴0.03~0.25mm，有的晶体轻微斜列。石英晶体彼此的接触面多平直，白云母的长轴与石英的棱边具平直的接触面，两者稳定共生，长轴明显定向。（正交）

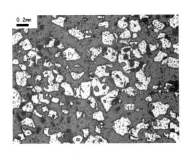

照片4-22-1
Byg-4（Byb-9）

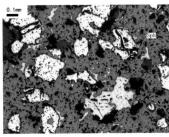

照片4-22-2
Byg-4（Byb-9）

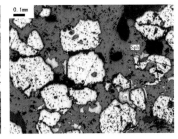

照片4-22-3
Byg-4（Byb-9）

白云母石英岩型方铅矿闪锌矿矿石：粒状结构，交代、包含结构，近块状构造。金属矿物为黄铁矿（Py 36%）、方铅矿（Gn 2%）和闪锌矿（Sph 50%）等。闪锌矿具灰带微褐反射色，为致密的块状集合体。黄铁矿完全被闪锌矿集合体包裹，受熔蚀棱边普遍较圆滑，局部具弯曲状的熔蚀港湾，为0.1~0.5mm自形程度差异的粒状（照片4-22-1）。方铅矿纯白反射色，以0.05~0.7mm的不规则粒状为主，晶面具特征的黑三角孔，尖棱角状交代闪锌矿（照片4-22-2），同时具有交代和包裹黄铁矿（照片4-22-3）的趋势，方铅矿在局部含量相对较高。金属矿物的生成顺序为：黄铁矿→闪锌矿→方铅矿。

照片 4-23　ByB-10

　　条带状硅灰石岩型方铅矿黄铜矿闪锌矿矿石：粒柱状变晶结构，不完全定向构造。岩石由金
属矿物和脉石矿物两部分组成，金属矿物由黄铜矿（6%）、黄铁矿（32%）、方铅矿（3%）和闪锌
矿（36%）等。黄铁矿的自形程度差异较大，自形晶体具规则的多边形切面，高含量区彼此衔接。
黄铜矿以半自形—它形粒状为主。闪锌矿为半自形—它形粒状，高含量区为致密状集合体。方铅
矿受分布空间的限制以它形粒状为主；单一的脉石矿物硅灰石在矿石中呈断续条带状分布。

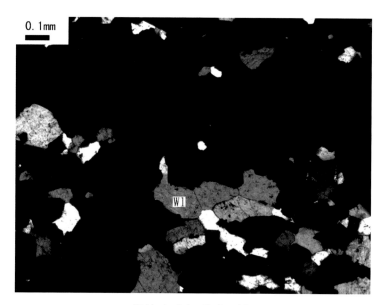

照片 4-24　Byb-10

　　条带状硅灰石岩型方铅矿黄铜矿闪锌矿矿石：粒柱状变晶结构，不完全定向构造。脉石矿物
硅灰石（Wl 23%）在矿石中呈断续条带状分布。硅灰石多为柱粒状，部分晶体受空间限制局部为
尖棱角状，长轴 0.04~0.6mm。硅灰石中正突起，两组解理发育，一级灰干涉色。硅灰石彼此的
接触面多平直，长轴略显定向。（正交）

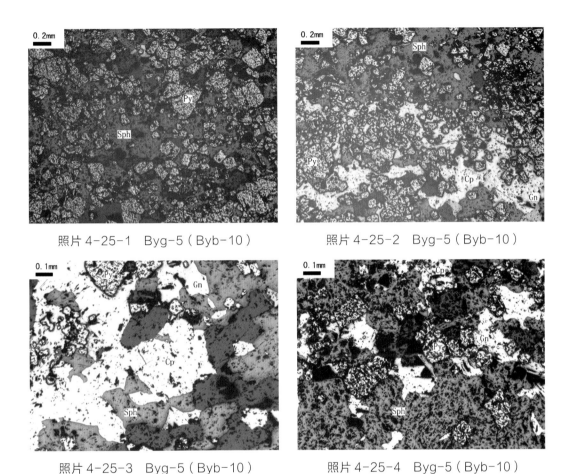

照片 4-25-1　Byg-5（Byb-10）

照片 4-25-2　Byg-5（Byb-10）

照片 4-25-3　Byg-5（Byb-10）

照片 4-25-4　Byg-5（Byb-10）

　　条带状硅灰石岩型方铅矿黄铜矿闪锌矿矿石：粒状结构，交代、包含结构，渐变条带状构造。金属矿物包括黄铜矿（*Cp* 6%）、黄铁矿（*Py* 32%）、方铅矿（*Gn* 3%）和闪锌矿（*Sph* 36%）等。黄铁矿的自形程度差异较大，自形晶体具规则的多边形切面（照片 4-25-1），粒径 0.04~0.8*mm*，高含量区彼此衔接。黄铜矿以 0.1~0.5*mm* 的半自形—它形粒状为主，包含细粒黄铁矿（照片 4-25-2），黄铜矿常富集成 1~4*mm* 宽的渐变条带。闪锌矿为 0.1~0.5*mm* 半自形—它形粒状，尖棱角状交代黄铜矿（照片 4-25-3），高含量区为致密状集合体。方铅矿受分布空间的限制以它形粒状为主，粒径 0.03~0.35*mm*，包含细粒黄铁矿和闪锌矿等（照片 4-25-4）。金属矿物的生成顺序为：黄铁矿→黄铜矿→闪锌矿→方铅矿。（单偏光）

照片 4-26　ByB-11

照片 4-27　Byb-11

含白云母石英岩型方铅矿闪锌矿矿石：鳞片粒状变晶结构，略显定向构造。岩石由金属矿物和脉石矿物两部分组成，金属矿物为黄铁矿（32%）、方铅矿（8%）和闪锌矿（36%）等，各类矿物分布不均匀，具致密程度差异的块状和渐变条带；脉石矿物为变晶矿物石英（23%）和白云母（1%），被金属矿物阻隔成大小不等的团块。

含白云母石英岩型方铅矿闪锌矿矿石：鳞片粒状变晶结构，略显定向构造。脉石矿物为石英（Q 23%）和白云母（Mu 1%），被金属矿物阻隔成大小不等的团块（照片视域属其中较大的团块）。石英为棱边平直的近等轴粒状和糖粒状，粒径 0.04~0.1mm。白云母鳞片的两端规则，长轴多在 0.05~0.2mm。石英彼此的接触面以稳定的 120° 为主，大部分白云母与石英的棱边具平直的接触面，总体稳定共生。（正交）

照片 4-28-1　Byg-6（Byb-11）

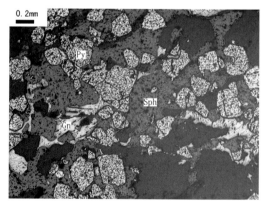

照片 4-28-2　Byg-6（Byb-11）

含白云母石英岩型方铅矿闪锌矿矿石：粒状结构，交代、包含结构。渐变条带—块状构造。金属矿物为黄铁矿（Py 32%）、方铅矿（Gn 8%）和闪锌矿（Sph 36%）等。黄铁矿多被闪锌矿和方铅矿包裹或交代，棱边多圆滑，个别晶体具弯曲状熔蚀港湾，粒径 0.1~1.0mm。闪锌矿为它形粒状，常为较致密状集合体。方铅矿为 0.05~1.0mm 的不规则粒状，包裹闪锌矿或尖棱角状交代闪锌矿（照片 4-28-1）。各类矿物分布不均匀，具致密程度差异的块状和渐变条带（照片 4-28-2）。金属矿物的生成顺序为：黄铁矿→闪锌矿→方铅矿。（单偏光）

二、斑岩型铜矿—金塔县白山堂铜矿

（一）成矿地质背景

白山堂铜矿床大地构造位置属哈萨克斯坦板块马鬃山中间地块东南边缘的裂谷边缘，音凹峡—白山堂伸展断陷盆地中。地层主要为中元古界长城系古硐井群和晚中生界白垩系新民堡群。区域构造运动具多旋回特点，加里东和华力西期运动使前青白口系构造层解体，呈残块状分布。

矿区范围内华力西期含矿次火山侵入杂岩体为华力西期构造—岩浆活动产物，岩浆从喷溢到侵入构成中酸性—酸性的演化系列。

矿区含矿浅成侵入岩体及有关铜铅矿化受北东向张性节理和北西向平移断层控制。矿体大都在由北东和北西向断裂所构成的半环状构造带内产出。

矿区围岩蚀有黄铁矿化、硅化、角岩化、矽卡岩化、次生石英岩化、钾化、青磐岩化、黑云母化、绿泥石化，与铜（Cu）有关的矿化蚀变是硅化和绿泥石化。

（二）矿床地质特征

矿区地层简单，仅见长城纪铅炉子沟群（ChQ）、白垩纪新民堡群（KX），它们为不整合接触。铅炉子沟群浅变质岩为绢云石英片岩、含钙质片岩、石墨石英片岩组成，分别属于铅炉子沟群上、中、下部层位。铅炉子沟群浅变质岩既是含矿浅成侵入体的围岩，也是 Cu~Pb 矿化的载体（容矿岩）。地层倒转，构成石板泉倒转背斜。矿区位于石板泉背斜北翼，呈 NW（300°左右）走向的单斜，倾向以北东为主，倾角 50°~70°。

矿区处于区域性天仓北山断裂带的石板泉背斜北翼，呈"单斜"状，背斜轴走向北西。

断裂发育，大致可分为近东西向、北北东向、北西西向、北东东向 4 组。近东西向断层通过矿区北部，是区域性天仓北山断层的东延部分，属区域性控岩断裂，两侧压碎带较宽，并有平行的断裂。

北北东向断裂是矿区主要断裂，为天仓北山大断裂的次级断裂，属控矿构造。北西西、北东东向断裂为一组剪裂，属成矿后断裂，常将脉岩错开，除 F12、F13 外，多发育在主矿体下盘，对矿体没有破坏。

矿区侵入岩由次火山—侵入杂岩和脉岩构成。脉岩广泛分布，种类繁多。"杂岩"是多种侵入岩的总称，它包括二长花岗岩、花岗闪长岩、石英闪长岩、闪长岩、流纹斑岩、英安斑岩、石英粗面岩、角砾熔岩及凝灰熔岩，主要分布于矿区北部、南部和东部。与矿化关系密切的有流纹斑岩、英安斑岩、石英粗面岩和角砾熔岩，它们位于斜长花岗斑岩墙的中心部位。

上述侵入岩间的相互穿插关系表明：岩浆侵入成岩时间有先有后，但均属华力西期的产物。

（三）矿体特征

矿体多为脉状、透镜状，个别呈燕尾状（图4-5）。矿区共圈出77个矿体（盲矿体占66个），产状可大致分4组：走向NW40°~85°，倾向北东，倾角45°~66°；走向NW69°，倾向南东，倾角60°~61°；走向NW30°~20°，倾向北东，倾角30°~45°；走向北东，倾向南东，倾角58°。77个矿体中心以Ⅰ矿带1号矿体的规模最大，长1230m，厚1~28.65m（平均5.58m），倾向160°，倾角上部38°~50°，下部55°~64°，延深＞740m；该矿体占整个矿床全部金属储量的87.3%。其余矿体较小，长44~200m，厚0.9~5.53m，延深50~205m。

（四）矿石特征

硫化矿石主要的金属矿物为黄铜矿、磁黄铁矿、黄铁矿；次为赤铁矿、磁铁矿、方铅矿、毒砂；有微量闪锌矿、铁硫砷钴矿、辉钼矿、辉锑矿、方黄铜矿、铜铁矿、镍黄铁矿、白铁矿、斜方硫砷铜矿等。脉石以石英为主，次为绢云母、绿泥石、石墨、方解石、微量斜黝帘石、萤石、绿帘石、黑云母等。

氧化矿石主要的金属矿物为孔雀石、赤铜矿、黄铁矿、赤铁矿、褐铁矿及蓝铜矿，次为自然铜，微量黄钾铁矾。脉石以石英、绿泥石、绢云母、方解石为主，有微量斜黝帘石及萤石。

按矿石矿物成分界定的工业类型划分，可分为Cu矿石、Cu-Pb矿石、Pb矿石、Cu-Zn矿石、Pb-Zn矿石和Zn矿石。

（五）成矿模式

通过对白山堂矿床的构造背景、矿床地质特征、成矿机制的综合研究，构建本矿床的成矿模式如下：

海西中期的构造—岩浆事件引发深部的酸性岩浆沿断裂带等地壳薄弱部位上

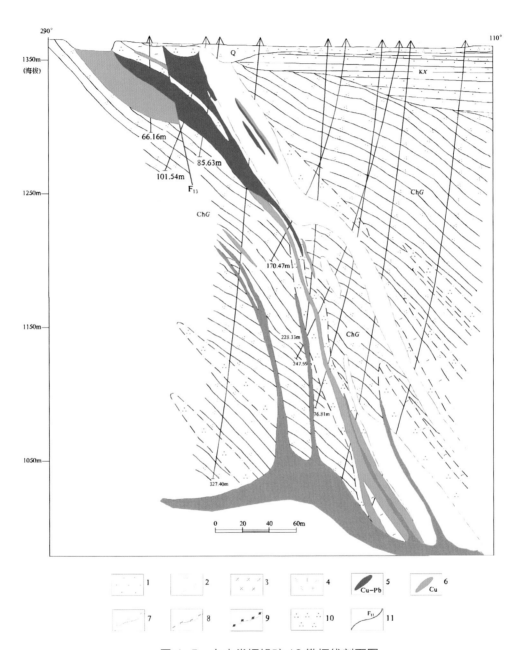

图 4-5 白山堂铜铅矿 13 勘探线剖面图

1- 白垩系（KX）砂砾岩、黏土；2- 长城系（ChG）石英岩；3- 流纹斑岩；4- 二长花岗岩；5-
铜铅矿体（绿—兰各一半）；6- 铜矿体；7- 硅化（Si）；8- 绿泥石化（Chl）；9- 绿帘石化（Ep）；
10- 次生石英岩化；11- 断层及编号。

升，侵位于中元古界铅炉子沟群距地表不深的浅变质岩中，冷凝形成流纹斑岩等次火山岩体。贴近次火山岩的围岩受高温岩浆"烘烤"呈现"角岩化"。受成岩期后高温热液作用，接触带内外两侧岩石遭受不同程度的"蚀变"。

"矿化"与"蚀变"相关联，"蚀变"导致"矿化"。蚀变结果，在内接触带的流纹斑岩中产生 Cu、Pb 矿化，局部地方形成"斑岩型"Cu 或 Cu-Pb 的矿体、矿胚；局部地段流纹斑岩与钙质片岩接触，后者受蚀变形成矽卡岩化的同时产生 Cu、Pb

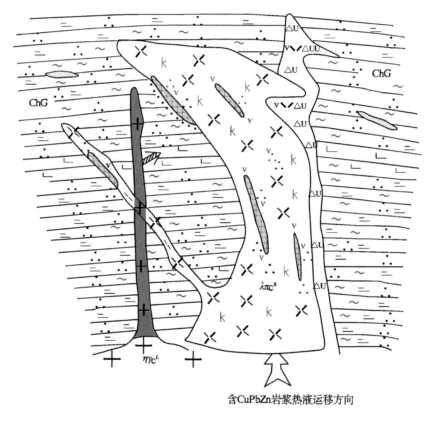

含CuPbZn岩浆热液运移方向

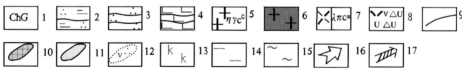

图 4-6　白山堂铜铅矿床成矿模式图（据余超，2013）

1- 古铜井群；2- 绢云石英片岩；3- 绿泥石石英片岩；4- 钙质片岩；5- 华力西二长花岗岩；6- 斜长花岗斑岩；7- 华力西期流纹斑岩（次火山岩）；8- 英安质火山角砾熔岩；9- 岩相变化界线；10- 斑岩铜铅矿体；11- 铜铅矿体；12- 次生石英岩带；13- 钾长石化；14- 黑云母化；15- 绿泥石化；16- 含矿岩浆热液运移方向；17- 期后岩浆热液运移方向。

矿化，于局部地方形成"矽卡岩型"Cu 或 Cu-Pb 的矿体、矿胚；当热液贯入围岩的裂隙中产生 Cu、Pb 矿化，则形成"脉型"Cu 或 Cu-Pb 的矿体、矿胚。

海西晚期的构造—岩浆事件引发酸性岩浆再次上升侵位，生成斜长花岗斑岩岩墙（脉）。成岩期后的高温热液使围岩再次遭受蚀变，围岩中被活化的成矿元素随热液迁移，被带入先期矿化部位，对先期形成的矿体、矿胚叠加、改造，最终形成白山堂 Cu-Pb 矿床。

矿床成矿模式见图 4-6。

（六）标本采集简述

白山堂铜矿区共采集岩矿石标本 12 块（表 4-2）。其中矿石标本 5 块，岩石标本 7 块。矿石标本岩性为石英岩脉型磁黄铁矿黄铜矿矿石、石英岩型磁黄铁矿黄铜矿矿石、石英岩型黄铁矿黄铜矿矿石、石英岩型磁黄铁矿黄铜矿矿石、灰色大理岩型方铅矿矿石；岩石标本岩性为矿化片理化长石黑云石英岩、矿化石英岩质碎裂岩、弱云英岩化中细粒黑云英云闪长岩、强蚀变石英闪长玢岩、变流纹质岩屑晶屑凝灰岩、钾长石化细粒含黑云母二长花岗岩、绿帘石岩。本次采集的标本基本覆盖了白山堂铜矿不同类型的矿石、围岩及岩石，较全面地反映了北祁连西段斑岩型铜矿的地质特征。

表 4-2　白山堂铜矿采集典型标本

序号	标本编号	标本岩性	标本类型	薄片编号	光片编号
1	BstB-1	矿化片理化长石黑云石英岩	围岩	Bstb-1	
2	BstB-2	矿化石英岩质碎裂岩	围岩	Bstb-2	
3	BstB-3	弱云英岩化中细粒黑云英云闪长岩	岩石	Bstb-3	
4	BstB-4	强蚀变石英闪长玢岩	岩石	Bstb-4	
5	BstB-5	变流纹质岩屑晶屑凝灰岩	围岩	Bstb-5	
6	BstB-6	钾长石化细粒含黑云母二长花岗岩	岩石	Bstb-6	
7	BstB-7	石英岩脉型磁黄铁矿黄铜矿矿石	矿石	Bstb-7	Bstg-1
8	BstB-8	石英岩型磁黄铁矿黄铜矿矿石	矿石	Bstb-8	Bstg-2
9	BstB-9	绿帘石岩	围岩	Bstb-9	
10	BstB-10	石英岩型黄铁矿黄铜矿矿石	矿石	Bstb-10	Bstg-3
11	BstB-11	石英岩型磁黄铁矿黄铜矿矿石	矿石	Bstb-11	Bstg-4
12	BstB-12	大理岩型方铅矿矿石	矿石	Bstb-12	Bstg-5

（七）岩矿石光薄片图版及说明

照片 4-29　BstB-1

片理化矿化长石黑云石英岩：鳞片粒状变晶结构，断续条纹状构造。岩石由黑云母、石英、长石和金属矿物组成。黑云母鳞片状，绿泥石化强。石英以近等轴粒状、糖粒状和矩形长条状为主，部分晶体内含近定向分布的微细粒黑云母和金属矿物。岩石具成分和粒径差异的断续条纹，矿物的长轴平行该条纹。

照片 4-30-1　Bstb-1（单偏光）

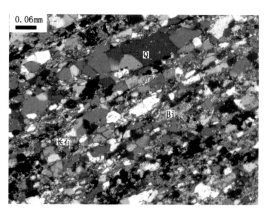

照片 4-30-2　Bstb-1（正交）

矿化片理化长石黑云石英岩：鳞片粒状变晶结构，断续条纹状构造。黑云母（Bi 20%）、石英（Q 64%）、长石（12%）和金属矿物为主要组分。黑云母鳞片深褐黄色（照片 4-30-1），长轴 0.02~0.1mm，绿泥石化强。石英以近等轴粒状、糖粒状和矩形长条状为主，粒径 0.02~0.4mm，部分晶体内含近定向分布的微细粒黑云母和金属矿物。长石完全被细微的绢云母集合体代替，残留粒柱状假象。岩石具成分和粒径差异的断续条纹，矿物的长轴平行该条纹。

照片 4-31　BstB-2

矿化石英岩质碎裂岩：灰色，碎裂结构，粒状变晶结构，块状构造。纵横交错的裂隙将岩石切割成大小不等的棱角状和次棱角状碎块，原岩碎粉和热液脉体充填、胶结裂隙。原岩碎块的成分石英，该石英多为棱边平直的等轴粒状和糖粒状，彼此紧密镶嵌，长轴无定向性。脉体包括矿化绿泥石集合体和方解石集合体，晚期的方解石脉体明显切割早期的矿化绿泥石脉体。

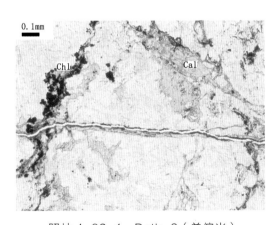

照片 4-32-1　Bstb-2（单偏光）

照片 4-32-2　Bstb-2（正交）

矿化石英岩质碎裂岩：碎裂结构，粒状变晶结构，块状构造。纵横交错的裂隙将岩石切割成大小不等的棱角状和次棱角状碎块，原岩碎粉和热液脉体充填、胶结裂隙。石英（Q）为原岩碎块的单一组分，多为棱边平直的等轴粒状和糖粒状，粒径 0.05~0.3mm，彼此紧密镶嵌，可见1200的三边稳定态接触面，长轴无定向。热液脉体包括矿化绿泥石（Chl）集合体和方解石（Cal）集合体，晚期的方解石脉体切割早期的矿化绿泥石脉体。

照片 4-33　BstB-3

　　弱云英岩化中细粒黑云英云闪长岩：花岗结构，块状构造。岩石由斜长石、石英和黑云母组成，斜长石为宽板状、短柱状和近粒状，程度不一的绢—白云母化。石英以它形粒状为主。矿化绢云母绿泥石集合体分布在贯通式裂隙中，靠近裂隙的两侧形成细小的糖粒状石英，同时大部分斜长石被绢—白云母集合体完全代替，即裂隙两侧云英岩化相对强烈。

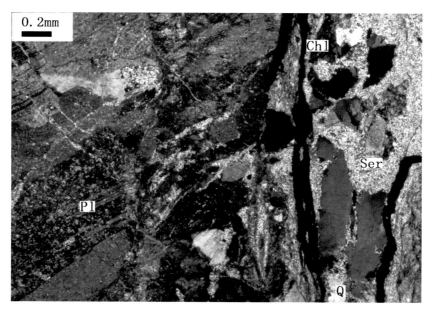

照片 4-34　Bstb-3（正交）

　　弱云英岩化中细粒黑云英云闪长岩：花岗结构，块状构造。斜长石（Pl）、石英（Q）和黑云母为主要组分，斜长石呈宽板状、短柱状和近粒状，粒径 0.2~3.0mm，具卡式和双晶纹细密的聚片双晶，程度不一的绢—白云母化。石英以它形粒状为主，粒径 0.1~3.0mm。矿化绢云母（Ser）绿泥石（Chl）集合体分布在贯通式裂隙中（照片 4-34 中间南北向），靠近裂隙的两侧形成细小的糖粒状石英，同时大部分斜长石被绢—白云母集合体完全代替，即裂隙两侧云英岩化相对强烈。（正交）

照片 4-35　BstB-4

灰色石英闪长玢岩：灰色，变余斑状结构，基质微粒结构，块状构造。岩石由斑晶和基质两部分组成，斑晶包括石英、斜长石和暗色矿物，粒径约 0.3~1.5mm，斜长石和暗色矿物强蚀变仅具假象，斜长石完全被绢云母集合体代替，暗色矿物则被以黑云母集合体为主的次生矿物完全代替。基质包括斜长石、暗色矿物、石英和金属矿物等。

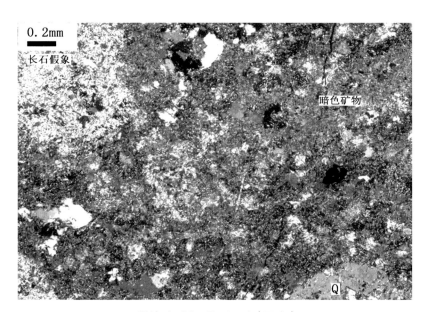

照片 4-36　Bstb-4（正交）

强蚀变石英闪长玢岩。变余斑状结构，基质微粒结构，块状构造。斑晶和基质的粒径截然，斑晶包括石英（Q）、斜长石和暗色矿物，粒径约 0.3~1.5mm，石英具弯曲的熔蚀港湾；斜长石和暗色矿物强蚀变仅具假象，斜长石完全被绢云母集合体代替，暗色矿物则被以黑云母集合体为主的次生矿物完全代替，部分暗色矿物假象的边缘弥散状。基质包括斜长石、暗色矿物、石英和金属矿物等，粒径仅在 0.05~0.15 mm 的微粒范畴。（正交）

照片 4-37　BstB-5

　　变流纹质岩屑晶屑凝灰岩：肉红色，变余凝灰结构，块状构造。岩石由晶屑、岩屑和火山灰组成，晶屑包括斜长石、钾长石和石英等，大部分晶屑为尖棱角状—次棱角状，斜长石较强的绢—白云母化；钾长石明显黏土化。

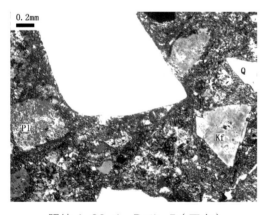

照片 4-38-1　Bstb-5（正交）

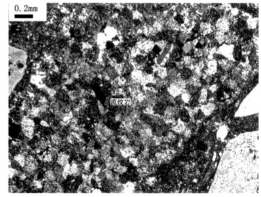

照片 4-38-2　Bstb-5（正交）

　　变流纹质岩屑晶屑凝灰岩：变余凝灰结构，块状构造。晶屑、岩屑和火山灰组成该岩石，晶屑包括斜长石（Pl）、钾长石（Kf）和石英（Q）等，受炸裂和熔蚀大部晶屑为尖棱角状—次棱角状（照片 4-38-1），大小 0.1~2.0mm，斜长石较强的绢—白云母化，晶面多浑浊；钾长石属具卡式双晶的透长石，明显黏土化。岩屑流纹岩为刚性的次棱角状，流纹岩岩屑具斑状结构，基质为霏细—嵌晶结构，由于强交代蚀变，部分岩屑的边缘与变质的火山灰渐变相融而轮廓不清（照片 4-38-2）。

照片 4-39 BstB-6

　　浅紫红色细粒含黑云母二长花岗岩：花岗结构，块状构造。岩石由斜长石（30%）、钾长石（40%）、石英（25%）和黑云母（4%）等组成。长石从宽板状、短柱状到它形粒状均有，斜长石具不同程度的绢—白云母和高岭土化；钾长石具条纹构造，条纹的形态为微细脉状和补丁状，高岭土化强。石英多为不规则粒状，个别糖粒状，有的晶体被钾长石尖棱角状交代。黑云母鳞片深褐色，有不同程度的绿泥石化。

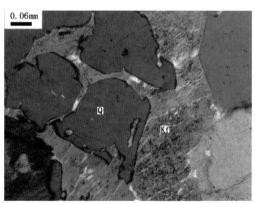

照片 4-40-1 Bstb-6（正交）　　　　　　　　照片 4-40-2 Bstb-6（正交）

　　钾长石化细粒含黑云母二长花岗岩：花岗结构，交代结构，块状构造。斜长石（ Pl 30%）、钾长石（ Kf 37%）、石英（ Q 28%）和黑云母（ Bi 4%）等为主要组分。长石从宽板状、短柱状到它形粒状均有，粒径 0.3~2.2mm，斜长石具卡式和双晶纹细密的聚片双晶（照片 4-40-1），有不同程度的绢—白云母和高岭土化；钾长石的卡式和格子双晶发育，具条纹构造，条纹的形态为微细脉状和补丁状，高岭土化强。石英多为不规则粒状，个别糖粒状，粒径 0.1~2.5mm，有的晶体被钾长石尖棱角状交代（照片 4-40-2）。黑云母鳞片深褐色，有不同程度的绿泥石化。

照片 4-41　BstB-7

　　石英岩脉型磁黄铁矿黄铜矿矿石：粒状、板条状结构，块状构造。脉石矿物为石英，具等轴粒状、板条状、近马牙状和不规则它形粒状形态，个别晶体内包含细粒金属矿物。大小不等的石英晶体彼此紧密镶嵌，接触面从平直到凹凸状均有，局部板条状和近马牙状的晶体平行定向分布。金属矿物包括黄铜矿、磁黄铁矿和黄铁矿等。黄铜矿以半自形至它形粒状为主。黄铁矿为半自形—它形粒状。大部分金属矿物相互衔接，构成致密程度差异较大、形态不规则和矿物组成有差异的集合体。

照片 4-42　Bstb-7

　　石英岩脉型磁黄铁矿黄铜矿矿石：粒状、板条状结构，块状构造。脉石矿物为石英（Q），具等轴粒状、板条状、近马牙状和不规则它形粒状，长轴 $0.02 \sim 1.2mm$，个别晶体内包含细粒金属矿物。大小不等的石英晶体彼此紧密镶嵌，接触面从平直到凹凸状均有，局部板条状和近马牙状的晶体定向分布。（正交）

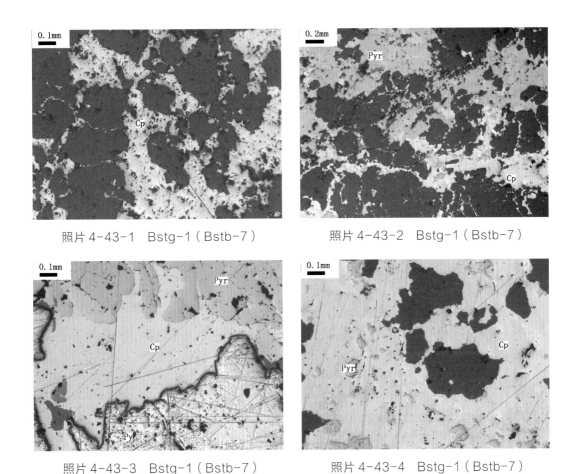

照片 4-43-1　Bstg-1（Bstb-7）　　　　照片 4-43-2　Bstg-1（Bstb-7）

照片 4-43-3　Bstg-1（Bstb-7）　　　　照片 4-43-4　Bstg-1（Bstb-7）

　　石英岩脉型磁黄铁矿黄铜矿矿石：粒状结构，交代、包含结构，稠密浸染状—不规则团块状构造。金属矿物包括黄铜矿（ Cp 13%）、磁黄铁矿（ Prx 25%）和黄铁矿（ Py 2%）等。黄铜矿具铜黄色反射色，以半自形至它形粒状为主（照片 4-43-1），粒径 0.02~1.6mm。磁黄铁矿的粒径主要在 0.05~1.5mm，浅玫瑰棕色反射色。黄铁矿为粒径在 0.1~2.0mm 的半自形—它形粒状，浅黄白反射色。大部分金属矿物相互衔接，构成致密程度差异较大、形态不规则和矿物组成有差异的集合体（照片 4-43-2），黄铜矿尖棱角状交代磁黄铁矿和黄铁矿（照片 4-43-3），同时包裹棱边浑圆状的磁黄铁矿（照片 4-43-4），个别细小的黄铁矿被磁黄铁矿包裹。金属矿物的生成顺序为：黄铁矿→磁黄铁矿→黄铜矿。（单偏光）

照片 4-44 BstB-8

　　石英岩型磁黄铁矿黄铜矿矿石：粒状变晶结构，近块状构造。脉石矿物为石英和绢云母。石英以棱边略显弧度的近等轴粒状为主，有少量板条状和它形粒状。细微的绢云母鳞片多分布在金属矿物的边缘，有的晶体形成放射状集合体。大小不等的石英彼此紧密镶嵌，接触面以凹凸状为主，长轴无定向性。矿石由黄铜矿和磁黄铁矿组成。黄铜矿主要为半自形和它形粒状，或断续脉状，磁黄铁矿为自形粒状，大部分磁黄铁矿以单晶体的形态以浸染状分布。

照片 4-45 Bstb-8

　　石英岩型磁黄铁矿黄铜矿矿石：粒状变晶结构，近块状构造。脉石矿物为石英（Q 83%）和绢云母（Ser 1%）。石英以棱边略显弧度的近等轴粒状为主，有少量板条状和它形粒状，粒径 0.02~0.5mm，晶面亮净。绢云母微鳞片多分布在金属矿物的边缘，有的晶体形成放射状集合体。大小不等的石英彼此紧密镶嵌，接触面以凹凸状为主，局部具 1200 的三边稳定态接触面，长轴无定向。（正交）

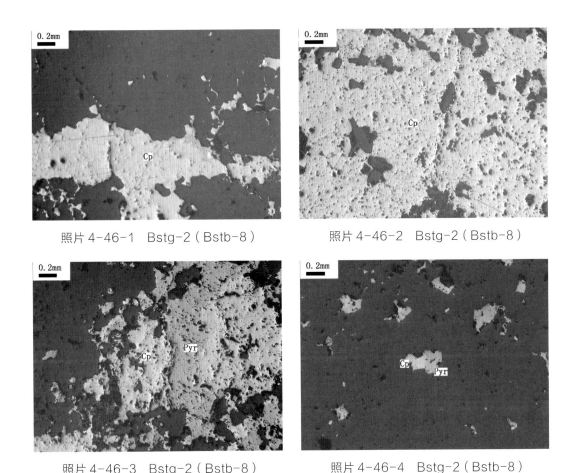

照片 4-46-1　Bstg-2（Bstb-8）

照片 4-46-2　Bstg-2（Bstb-8）

照片 4-46-3　Bstg-2（Bstb-8）

照片 4-46-4　Bstg-2（Bstb-8）

　　石英岩型磁黄铁矿黄铜矿矿石：粒状结构，共结边、包含结构，浸染状—断续脉状构造。金属矿物为黄铜矿（*Cp* 9%）和磁黄铁矿（*Prx* 7%）。黄铜矿主要为半自形和它形粒状，有的晶体具近多边形切面（照片 4-46-1），粒径 0.05~1.0*mm*，多彼此衔接成 2.0~3.5*mm* 大小的不规则团块（照片 4-46-2）或断续脉状，脉体的局部共生不等量的磁黄铁矿（照片 4-46-3）。磁黄铁矿从自形粒状到它形粒状均有，粒径在 0.03~0.5*mm*，大部分磁黄铁矿以单晶体的形态呈浸染状分布，部分晶体被黄铜矿集合体包含或与黄铜矿形成平直共结边（照片 4-46-4）。

照片 4-47　BstB-9

　　绿帘石岩：粒柱状结构，块状构造：岩石由绿帘石（97%）和少量的方解石（3%）组成。绿帘石以棱边平直的短柱状为主，横断面为多边形。大小不等的绿帘石彼此紧密镶嵌，长轴多杂乱，部分晶体构成放射状集合体。方解石分布在绿帘石的晶体粒间，晶形和大小完全受绿帘石集合体的空间限制。

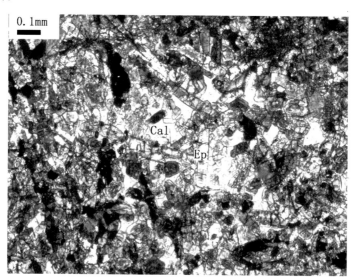

照片 4-48　Bstb-9

　　绿帘石岩：粒柱状结构，块状构造。岩石由绿帘石（Ep 97%）和方解石（Cal 3%）组成。绿帘石为棱边平直的短柱状，横断面为多边形，长轴 0.02~0.4mm，高正突起，糙面显著，干涉色鲜艳但不均匀，部分晶体具靛蓝色异常干涉色。绿帘石彼此紧密镶嵌，长轴多杂乱，部分晶体构成放射状集合体。方解石分布在绿帘石的晶体粒间，晶形和大小完全受绿帘石集合体的空间限制，粒径以 0.1~0.2mm 为主。（正交）

照片 4-49 BstB-10

石英岩型黄铁矿黄铜矿矿石：粒状变晶结构，脉状构造。矿石的主体为石英岩，岩石由单一的石英组成，该石英以棱边略显弧度的近等轴粒状为主，有少量它形粒状。矿石的金属矿物有黄铜矿、磁黄铁矿和黄铁矿等。黄铜矿多为不规则的团块状集合体。磁黄铁矿以半自形粒状和它形粒状为主。磁黄铁矿与黄铜矿常紧密伴生。

照片 4-50-1 Bstb-10（单偏光）

照片 4-50-2 Bstb-10（正交）

石英岩型黄铁矿黄铜矿矿石。粒状变晶结构，脉状构造。矿石的主体为石英岩，矿化方解石（Cal）绿泥石（Chl）热液脉体宽 0.05~3.0mm（单偏光）。石英岩由单一的石英（Q）组成，石英以棱边略显弧度的近等轴粒状为主，少量它形粒状，粒径 0.05~1.0mm。大小不等的石英晶体彼此紧密镶嵌，接触面平直或为具有弧度的凹凸状，长轴定向性不明显（正交）。

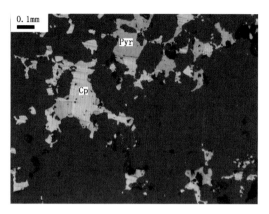

照片 4-51-1　Bstg-3（Bstb-10）

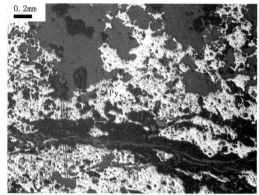

照片 4-51-2　Bstg-3（Bstb-10）

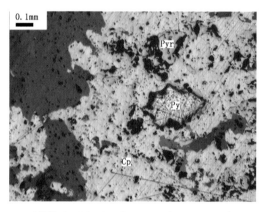

照片 4-51-3　Bstg-3（Bstb-10）

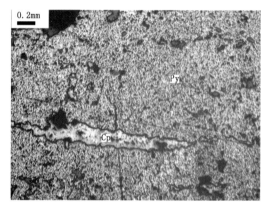

照片 4-51-4　Bstg-3（Bstb-10）

石英岩型黄铁矿黄铜矿矿石：粒状结构，交代、包含结构，稠密浸染状—不规则团块状构造。金属矿物有黄铜矿（Cp 2%）、磁黄铁矿（Prx 1%）和黄铁矿（Py 38%）等。黄铜矿多为不规则的团块状集合体，粒径 0.02~0.3mm。磁黄铁矿以半自形粒状和它形粒状为主，粒径 0.05~0.45mm。磁黄铁矿与黄铜矿常紧密伴生，二者具平直共结边或磁黄铁矿被黄铜矿包含（照片 4-51-1）。黄铁矿为粒径 0.1~2.0mm 的半自形—它形粒状，大部分晶体彼此衔接（照片 4-51-2），或富集成 2~10mm 大小致密程度有差异的团块。细小的黄铁矿被黄铜矿包裹（照片 4-51-3），经熔蚀具浑圆状的棱边，黄铜矿以断续微脉状交代黄铁矿（照片 4-51-4）。

照片 4-52　BstB-11

　　石英岩型磁黄铁矿黄铜矿矿石：粒状变晶结构，近块状构造。脉石矿物有石英、绢云母和绿泥石等。绢云母和绿泥石多分布在金属矿物的边缘。金属矿物为黄铜矿、磁黄铁矿和黄铁矿。大部分的磁黄铁矿以半自形粒状和它形粒状为主。黄铜矿多为它形粒状。黄铁矿为半自形—它形粒状。黄铜矿和黄铁矿仅分布在矿石的局部。

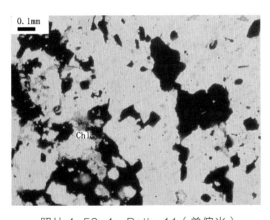

照片 4-53-1　Bstb-11（单偏光）

照片 4-53-2　Bstb-11（正交）

　　石英岩型磁黄铁矿黄铜矿矿石：粒状变晶结构，近块状构造。脉石矿物有石英（Q 56%）、绢云母（Ser 1%）和绿泥石（Chl 2%）等。石英以棱边略显弧度的近等轴粒状为主，粒径 0.02~0.3mm；绿泥石鳞片的长轴在 0.02~0.1mm，呈浅草绿色（单偏光），微弯曲；绢云母鳞片的长轴仅为 0.02~0.05mm，部分晶体形成放射状集合体。绢云母和绿泥石多分布在金属矿物的边缘，有的晶体与金属矿物穿插生长。石英晶体彼此具凹凸状或 1200 的三边平直接触面。（正交）

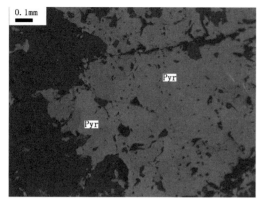

照片 4-54-1　Bstg-4（Bstb-11）

照片 4-54-2　Bstg-4（Bstb-11）

照片 4-54-3　Bstg-4（Bstb-11）

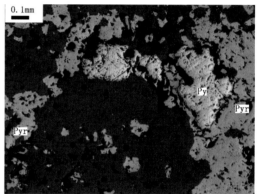

照片 4-54-4　Bstg-4（Bstb-11）

　　石英岩型磁黄铁矿黄铜矿矿石：粒状结构，交代、包含结构，稠密浸染状构造。金属矿物为黄铜矿（*Cp* 2%）、磁黄铁矿（*Prx* 35%）和黄铁矿（*Py* 4%）等。磁黄铁矿多首尾彼此衔接构成致密程度有差异的集合体，具黄灰—红棕色偏光色（照片 4-54-1），以半自形粒状和它形粒状为主，粒径 0.05~1.0*mm*。黄铜矿多为它形粒状，粒径 0.02~1.6*mm*。黄铁矿为半自形—它形粒状，切面不规则（照片 4-54-2），粒径 0.1~1.5*mm*。黄铜矿和黄铁矿仅分布在矿石的局部。黄铜矿明显交代磁黄铁矿或与磁黄铁矿具共结边（照片 4-54-3）；部分黄铁矿被磁黄铁矿包裹，被包裹晶体具浑圆的棱边（照片 4-54-4）。（单偏光）

照片 4-55　BstB-12

　　大理岩型方铅矿矿石：粒状变晶结构，断续脉状构造。该矿石的主体为大理岩。大理岩的单一组分为方解石，受韧性变形，有不同程度的破碎细粒化和定向拉长。大小不等的方解石晶体彼此紧密镶嵌，接触面复杂。矿化绿泥石石英脉体宽 2~5.0mm 不等，石英以棱边较平直的等轴粒状和长条状为主。金属矿物以方铅矿为主，有微量磁黄铁矿。方铅矿大部分晶体富集成宽窄介于 2~5mm 且致密程度存在差异的脉状集合体，少量分散分布的单晶体为半自形—它形粒状。

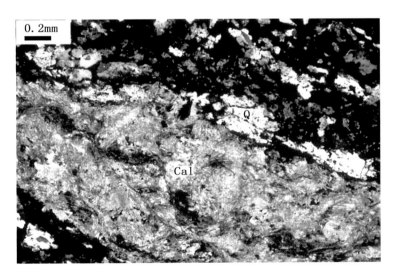

照片 4-56　Bstb-12

　　大理岩型方铅矿矿石：粒状变晶结构，断续脉状构造。矿石的主体为大理岩，矿化绿泥石石英热液脉体的规模差异较大。大理岩的组分方解石（Cal）受韧性变形，有不同程度的破碎细粒化和定向拉长，粒径 0.1~1.0mm，部分晶体的双晶纹明显弯曲。大小不等的方解石晶体彼此紧密镶嵌，接触面复杂，长轴明显定向。矿化绿泥石石英脉体宽 2~5.0mm，石英（Q）以棱边较平直的等轴粒状和长条状为主，粒径在 0.03~1.0mm，石英基本无变形，因而矿化热液的就位应在韧性变形之后。（正交）

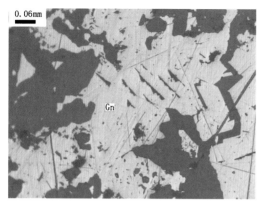

照片 4-57-1　Bstg5（Bstb-12）

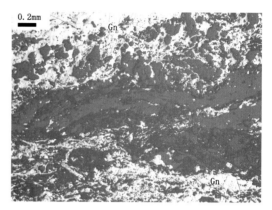

照片 4-57-2　Bstg5（Bstb-12）

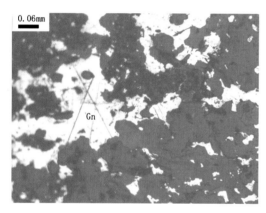

照片 4-57-3　Bstg5（Bstb-12）

照片 4-57-4　Bstg5（Bstb-12）

大理岩型方铅矿矿石：粒状结构，断续脉状构造。金属矿物以方铅矿（*Gn* 55%）为主，有微量磁黄铁矿（*Prx*）。方铅矿具亮白反射色，均质性，晶面具 3 组解理构成的黑三角孔（照片 4-57-1），大部分晶体富集成宽窄介于 2~5*mm* 且致密程度存在差异的脉状集合体（照片 4-57-2），分散分布的晶体为半自形—它形粒状（照片 4-57-3），粒径主要在 0.05~1.0 *mm*。磁黄铁矿的粒径在 0.05~0.5*mm*，被方铅矿包裹且交代，磁黄铁矿的边缘呈港湾状（照片 4-57-4），局部明显穿孔。

三、矽卡岩型铜矿—合作市德乌鲁铜矿

（一）成矿地质背景

德乌鲁铜矿地处中秦岭前陆盆地构造区，新堡—力士山复式背斜南翼，属夏河—美武印支—燕山期铜金铁钨砷钴铅锌、石灰岩Ⅳ级成矿带，被观音大庄—力士山断裂带（内区为加锐岗—直合日断裂 F1）和黄科勒—合作断裂带（F4）所限（图4-7）。

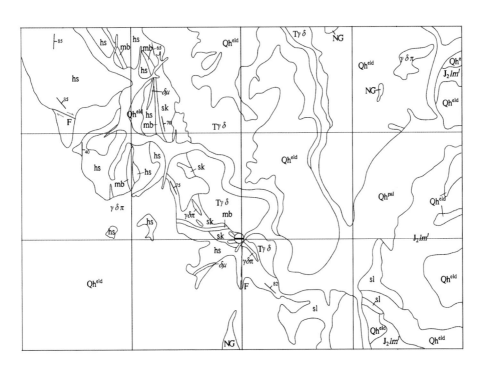

图 4-7　德乌鲁铜矿地质矿产简图

1- 冲积、洪积物；2- 残坡积物及黄土；3- 甘肃群红色砂砾岩；4- 郎木寺组安山岩夹安山玢岩；5- 板岩；6- 大理岩；7- 角岩；8- 矽卡岩；9- 三叠纪花岗闪长岩；10- 闪长玢岩；11- 花岗闪长斑岩；12- 整合界线；13- 角度不整合界线；14- 岩层产状；15- 平移断层；16- 性质不明断层；17- 铜矿床。

（二）矿床地质特征

赋矿地层为二叠系毛毛隆组二段的浅海陆源碎屑岩夹碳酸盐岩建造，地层总体走向与区域构造线方向一致，为北西向展布。岩性组合为灰白色到灰黑色薄层状长石石英砂岩、石灰岩、砂砾质灰岩、含砾灰岩。

观音大庄—力士山断裂带由数条大断裂组成的，走向北西—南东向，矿区东部的录斗叟—姜尼断裂就是其组成之一，具有逆冲断层的特征。

矿区在近侵入体接触带附近，岩层小型褶曲及断裂较为发育，断裂以层间断裂最显著，其次是平推断裂。层间断裂（走向断裂），沿岩层与侵入体接触带或岩层层面间发育，断距不大，属于层间滑动；平推断裂局部可见，沿岩层倾向方向错断，走向北东30°~40°，实测断距约10m，受侵入体影响，两侧有许多微断裂出现，节理较发育，其3组走向分别为25°、45°、60°。

岩浆活动主要是中酸性侵入为主，呈北西方向西窄东宽的带状展布，德乌鲁至布拉沟一带，明显受北西向断裂构造控制，呈岩株产出，为花岗闪长岩、花岗闪长斑岩等，属中浅成侵入相，具多期多旋回及同源活动的特点。德乌鲁岩体 U-Pb 同位素年龄测定为 $239.2 \pm 3.2Ma$，属印支期。另有小规模岩浆活动侵入脉岩。这些岩体既是铜矿床的成矿物质提供者，也是区内重要的赋矿岩石。矿体形成与后期岩浆热液含矿密切相关，矿化均集中于侵入体岩脉穿插的较复杂地段，矿体富集带无一例外生于侵入体内凹地段或岩枝伸出地段。

围岩蚀变以矽卡岩化、角岩化、大理岩化、绿帘石化、黝帘石化、绿泥石化、方解石化及绢云母化为主，局部在大理岩中有蛇纹石化、白云石化。

（三）矿体特征

1. 矿体产状

根据地表揭露及钻探控制了解，地表含铜矽卡岩带仅在矿带中部少量出露，东部矿带以裂隙充填长英角岩为主，矿体产状45°∠70°左右；西部矿带以矽卡岩为主，交代作用显著，矿体产状60°∠70°左右。

2. 矿体形态及规模

矿带已知长度达800m，宽度10~100m，深度300余米。共控制矿体23条，其中含铜矽卡岩9个，含铜长英角岩14个。地表含铜矽卡岩带仅在矿带中部少量出露，深部东矿带以裂隙充填的铜、砷、金长英角岩为主，呈脉状，厚度一般 3~4m，铜品位较低，沿走向延伸较大，沿倾向较小，长度与深度之比为 3:1。西矿带以含黄铜矿、斑铜矿、磁硫铁矿的矽卡岩为主，交代作用显著，以不规则小扁豆状及囊状矿体为主，形状很不规则，沿走向及倾斜呈急剧尖灭，有时矿体厚度 10 余米，沿走向 20~30m 完全尖灭，或被断裂破坏，铜品位较高，局部很富，呈致密块状矿石。

（四）矿石特征

矿石矿物主要为黄铜矿、磁黄铁矿，其次为毒砂、斑铜矿，伴生矿物有黄铁矿、白铁矿、闪锌矿、斑铜矿、黝铜矿、方铅矿等；磁黄铁矿与黄铁矿，毒砂与白铁矿，黄铜矿与斑铜矿、黝铜矿、闪锌矿、方铅矿等常相伴共生。氧化铜矿物主要为孔雀石，其次为蓝铜、褐铁矿。脉石矿物以石英、长石及含矿矽卡岩中的透辉石、钙铝榴石、方解石为主，符山石、矽灰石、绿泥石、绿帘石等次之。

矿石结构有交代充填结构、溶蚀结构、交代残余结构、共边结构、乳浊状结构、叶片状结构、自形晶粒状结构等。

矿石构造有块状构造、浸染状构造、斑点状构造、胶结构造、同心圆状构造、脉状构造。

矿石类型主要为裂隙充填的脉状矿石和矽卡岩型矿石。

（五）成矿模式

中晚三叠世的印支运动，秦岭微板块向北俯冲碰撞，陆内造山活动依然活跃，强烈的陆内俯冲，这一时期深部地壳熔融形成（岩浆），携带了较丰富的成矿物质，岩浆在上升、侵位和演化过程中，不断萃取围岩中的成矿物质，其使不断富集，当物化环境发生变化，造岩元素首先晶出形成"德乌鲁花岗闪长岩主岩体"，岩体冷凝成岩过程中，边部产生大量裂隙，成矿物质不断富集的残余岩浆沿边部裂隙贯入，交代围岩及富集沉淀，形成"矽卡岩型"和"热液型"混合铜矿。

该矿床的成矿模式如图 4-8 所示。

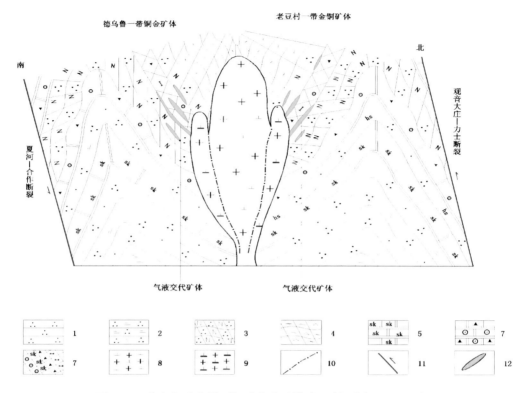

图 4-8　德乌鲁矽卡岩型铜矿床成矿模式图（据余超，2013）

　　1- 角岩化石英砂岩；2- 绢云母石英砂岩；3- 长英角岩；4- 红柱石、夕线石、董青石角岩；5- 矽卡岩化大理岩；6- 符山石、石榴石化大理岩；7- 含铜符山石、透辉石石榴石矽卡岩；8- 燕山早期侏罗纪粗粒花岗闪长岩；9- 燕山早期侏罗纪花岗闪长斑岩；10- 脉动侵入接触界线；11- 逆断层；12- 铜矿体。

（六）矿床标本简述

　　德乌鲁铜矿区共采集岩矿石标本 8 块（表 4-3）。其中矿石标本 2 块，岩石标本 6 块。矿石标本岩性为灰色透辉石矽卡岩型黄铜矿矿石、杂色透辉石石榴石矽卡岩型斑铜矿矿石；岩石标本岩性为灰白色透闪石化透辉石矽卡岩、灰白色中细粒角闪黑云石英闪长岩、深灰色黑云石英闪长玢岩、深灰色黑云母长英质角岩、浅灰色石榴石透辉石矽卡岩、浅灰色钙质胶结复成分细砾岩。本次采集的标本基本覆盖了德乌鲁铜矿不同类型的矿石、岩石及围岩，较全面地反映了中秦岭矽卡岩型铜矿的地质特征。

表4-3 德乌鲁铜矿采集典型标本

序号	标本编号	标本岩性	标本类型	薄片编号	光片编号
1	DwlB-1	灰色透辉石矽卡岩型黄铜矿矿石	矿石	Dwlb-1	Dwlg-1
2	DwlB-2	杂色透辉石石榴石矽卡岩型斑铜矿矿石	矿石	Dwlb-2	Dwlg-2
3	DwlB-3	灰白色透闪石化透辉石矽卡岩	围岩	Dwlb-3	
4	DwlB-4	灰白色中细粒角闪黑云石英闪长岩	岩石	Dwlb-4	
5	DwlB-5	深灰色黑云石英闪长玢岩	岩石	Dwlb-5	
6	DwlB-6	深灰色黑云母长英质角岩	围岩	Dwlb-6	
7	DwlB-7	浅灰色石榴石透辉石矽卡岩	围岩	Dwlb-7	
8	DwlB-8	浅灰色钙质胶结复成分细砾岩	围岩	Dwlb-8	

（七）岩矿石光薄片图版及说明

照片4-58 DwlB-1

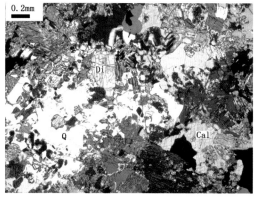

照片4-59 Dwlb-1

透辉石矽卡岩型黄铜矿矿石：灰色，岩石由金属矿物和脉石矿物组成，金属矿物主要为黄铜矿和微量黝铜矿，黄铜矿以半自形至它形粒状为主，黝铜矿为半自形—它形粒状。脉石矿物包括透辉石、方解石和石英等，具粒柱状变晶结构，不规则团块状构造。透辉石近短柱状；石英以它形粒状为主，包裹大小不等的透辉石。方解石的晶形受分布空间的限制，晶体内富含细粒的石英和透辉石。脉石矿物分布不均匀，构成具成分差异的不规则状渐变团块。

透辉石矽卡岩型黄铜矿矿石：脉石矿物包括透辉石（Di 39%）、方解石（Cal 5%）和石英（Q 31%）等，具粒柱状变晶结构，不规则团块状构造。透辉石近短柱状，长轴 0.1~1.0mm，横断面具辉石式解理，干涉色鲜艳；石英以它形粒状为主，粒径 0.5~2.5mm，包裹大小不等的透辉石。方解石的晶形受分布空间的限制，粒径 0.1~3.0mm，晶体内富含细粒的石英和透辉石。脉石矿物分布不均匀，构成具成分差异的不规则状渐变团块（照片4-59）。（正交）

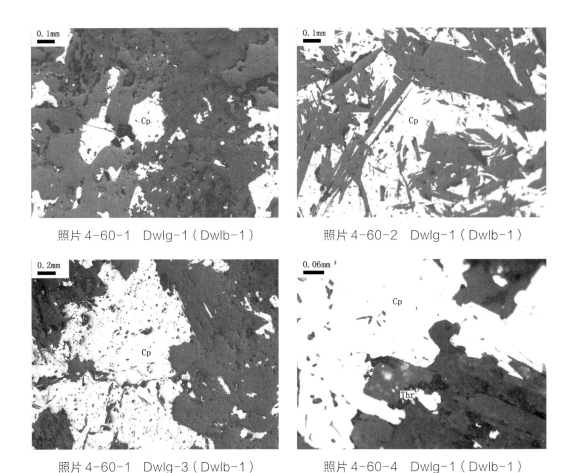

照片 4-60-1　Dwlg-1（Dwlb-1）　　　　照片 4-60-2　Dwlg-1（Dwlb-1）

照片 4-60-1　Dwlg-3（Dwlb-1）　　　　照片 4-60-4　Dwlg-1（Dwlb-1）

　　透辉石矽卡岩型黄铜矿矿石：粒状结构，共结边结构，稠密浸染状—不规则团块状构造。黄铜矿（*Cp* 25%），微量黝铜矿（*Thr*）。黄铜矿以半自形至它形粒状为主（照片 4-60-1），部分晶体分布在透辉石的解理缝和晶体粒间，晶体的大小和形态明显受分布空间的限制（照片 4-60-2），粒径 0.06~1.0*mm*，常富集成 3~20*mm* 大小的不规则弥散状团块（照片 4-60-3）。黝铜矿为半自形—它形粒状，粒径 0.02~0.05*mm*，呈单晶体状分散分布或与黄铜矿共生，与黄铜矿形成平直的共结边（照片 4-60-4）。

照片 4-61　DwlB-2

透辉石石榴石矽卡岩型斑铜矿矿石：深灰色，岩石由金属矿物和脉石矿物组成，金属矿物主要为斑铜矿，微量黄铜矿、黝铜矿和次生蓝辉铜矿等，斑铜矿以它形粒状为主，整体呈块状集合体，黄铜矿和黝铜矿均与斑铜矿紧密伴生，黄铜矿主要分布在斑铜矿的晶体边缘，且被斑铜矿包裹；脉石矿物为透辉石和石榴石，具粒柱状变晶结构。透辉石近短柱状和粒状，具辉石式解理特征；石榴石常为较致密的集合体，糙面显著，具不规则状裂理。

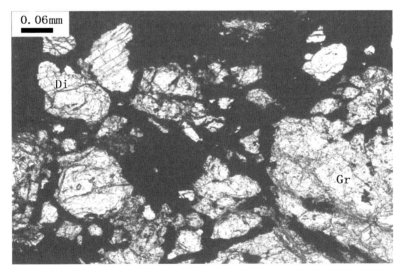

照片 4-62　Dwlb-2

透辉石石榴石矽卡岩型斑铜矿矿石：脉石矿物为透辉石（ *Di* 17%）和石榴石（ *Gr* 23%），具粒柱状变晶结构。透辉石近短柱状和粒状，长轴 0.05~2.0*mm*，具辉石式解理特征；石榴石的粒径 0.1~2.0*mm*，多为较致密的集合体，糙面显著，具不规则状裂理。透辉石和石榴石常富集成大小不等、成分差异的不规则状团块，局部被金属矿物阻隔成单晶体。（单偏光）

照片　4-63-1　Dwlg-2（Dwlb-2）

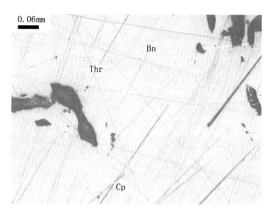

照片　4-63-2　Dwlg-2（Dwlb-2）

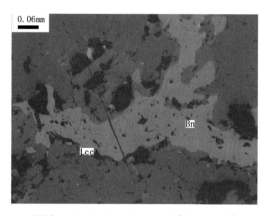

照片　4-63-3　Dwlg-2（Dwlb-2）

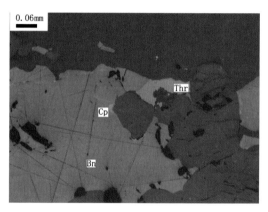

照片　4-63-4　Dwlg-2（Dwlb-2）

　　透辉石石榴石矽卡岩型斑铜矿矿石：粒状结构，交代、共结、包含结构，块状构造。斑铜矿（*Bn* 60%），微量黄铜矿（*Cp*）、黝铜矿（*Thr*）和次生蓝辉铜矿（*Lcc*）等。斑铜矿为淡玫瑰色反射色，以它形粒状为主，粒径多在 0.1~1.0*mm*，彼此相互衔接，整体近网块状（照片 4-63-1），个别晶体为线状、微脉状的黝铜矿和黄铜矿固溶体分离物（照片 4-63-2），有的晶体边缘被蓝辉铜矿的微粒状集合体交代（照片 4-63-3）。黄铜矿和黝铜矿均与斑铜矿紧密伴生，黄铜矿主要分布在斑铜矿的晶体边缘，且被斑铜矿包裹；黝铜矿与斑铜矿具平直的共结边（照片 4-63-4）。

照片 4-64 DwlB-3

灰白色透闪石化透辉石矽卡岩：灰白色，柱粒状变晶结构，交代结构，放射状团块构造。岩石由透辉石和透闪石组成。透辉石为短柱状和粒状，横断面近多边形或具多边形轮廓，彼此紧密镶嵌。透闪石杆柱状，具竹节状解理。透闪石明显交代透辉石，部分晶体与透辉石的晶体边缘渐变过渡。

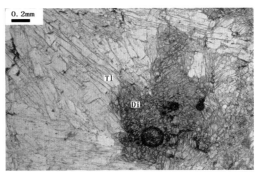

照片 4-65 Dwlb-3

透闪石化透辉石矽卡岩：柱粒状变晶结构，交代结构，放射状团块构造。岩石组分包括透辉石（Di 60%）和透闪石（Tl 40%）。透辉石为短柱状和粒状，横断面近多边形或具多边形轮廓，长轴 0.03~1.0mm，彼此紧密镶嵌。透闪石杆柱状，长轴在 0.1~2.5mm，具竹节状解理。透闪石明显交代透辉石，部分晶体与透辉石的晶体边缘渐变过渡。透闪石的交代具有选择性，标本上形成 2~10mm 大小的白色放射状团块。（单偏光）

照片 4-66 DwlB-4

中细粒角闪黑云石英闪长岩：浅灰色，半自形粒柱状结构，块状构造。造岩矿物以斜长石（65%）、石英（10%）、黑云母（10%）、角闪石（5%）和钾长石（10%）等为主，粒径多在 0.5~2.8mm。石英多分布在其他矿物的空隙中，以它形粒状为主；角闪石短柱状；黑云母鳞片较自形，有的晶体轻微绿泥石和帘石化。

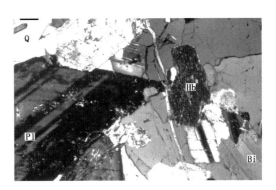

照片 4-67 Dwlb-4

中细粒角闪黑云石英闪长岩：半自形粒柱状结构，块状构造。组分以斜长石（Pl 63%）、石英（Q 10%）、黑云母（Bi 9%）、角闪石（Hb 7%）和钾长石（10%）等为主，粒径多在 0.5~2.8mm。斜长石具卡式和聚片双晶，正环带可达 10 环以上，属中长石；石英多分布在其他矿物的空隙中，以它形粒状为主；角闪石短柱状，横断面近多边形，属普通角色；黑云母鳞片较自形，具深褐—淡黄多色性，有的晶体轻微绿泥石和帘石化。（正交）

照片 4-68　DwlB-5

　　深灰色黑云石英闪长玢岩：灰色，斑状结构，基质微粒—细粒结构，块状构造。岩石由斑晶和基质两部分组成，斑晶为斜长石（15%），粒径在1.5~3.5mm。基质由斜长石（52%）、石英（6%）、黑云母（20%）和少量金属矿物等组成，斜长石呈自形—半自形；石英呈它形粒状；黑云母呈鳞片状，有不同程度的纤闪石化，有的晶体完全蚀变仅具假象。

照片 4-69　Dwlb-5

　　黑云石英闪长玢岩：斑状结构，基质微粒—细粒结构，块状构造。斑晶为单一的斜长石（Pl 18%），棱边较平直，粒径在1.6~3.5mm，正环带发育。基质包括斜长石（Pl 52%）、石英（Q 6%）、黑云母（Bi 20%）和金属矿物（3%）等，粒径多在0.05~0.6mm，斜长石的聚片双晶纹相对细密，牌号明显小于斑晶斜长石；它形粒状石英晶面亮净；黑云母鳞片红褐色，不同程度的纤闪石化，有的晶体完全蚀变仅具假象。（正交）

照片 4-70　DwlB-6

　　深灰色黑云母长英质角岩：深灰色，角岩结构，块状构造。岩石由斜长石（20%）、石英（45%）、黑云母（25%）和金属矿物（10%）组成。斜长石和石英多近等轴粒状，晶体内富含微粒状的金属矿物；黑云母呈鳞片状，长轴与粒状长英质矿物的棱边平行接触。

照片 4-71　Dwlb-6

　　黑云母长英质角岩：角岩结构，块状构造。斜长石（Pl 20%）、石英（Q 45%）、黑云母（Bi 26%）和金属矿物（9%）为岩石组分，粒径0.02~0.15mm。斜长石和石英多近等轴粒状，晶体内富含微粒状的金属矿物，斜长石具细密的聚片双晶纹，石英消光不均匀；黑云母鳞片深红褐色，长轴与粒状长英质矿物的棱边平行接触。各类矿物总体稳定共生，长轴无定向。（正交）

照片 4-72 DwlB-7

石榴石透辉石矽卡岩：灰色—红褐色，粒柱状变晶结构，不规则团块—条带状构造。岩石由透辉石和石榴石组成。透辉石为柱状和粒状，解理发育；石榴石晶体具不规则状裂理，常包裹细粒的透辉石。透辉石和石榴石常富集成大小不等、成分差异的不规则状团块或条带，石榴石的富集区标本呈红褐色。

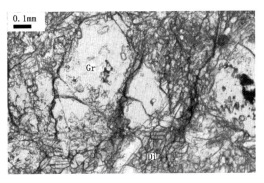

照片 4-73 Dwlb-7

石榴石透辉石矽卡岩：粒柱状变晶结构，不规则团块—条带状构造。透辉石（*Di*）和石榴石（*Gr*）为岩石组分。透辉石为柱状和粒状，长轴 0.02~0.5*mm*，解理发育；石榴石的粒径以 0.05~1.0*mm* 为主，具不规则状裂理，常包裹细粒的透辉石。透辉石和石榴石常富集成大小不等、成分差异的不规则状团块或条带，石榴石的富集区标本呈红褐色。（单偏光）

照片 4-74 DwlB-8

钙质胶结复成分细砾岩：细砾结构，块状构造。碎屑物包括石英、长石、岩屑石英岩、灰岩和变砂岩等，碎屑物分选差，主要为 > 2.0*mm* 的细砾级，次棱角状—圆状为主要形态，各类碎屑物的长轴略显定向性。胶结物为单一的钙质方解石，以孔隙式胶结为主，局部具嵌晶结构。

照片 4-75 Dwlb-8

钙质胶结复成分细砾岩：细砾结构，块状构造。碎屑物包括石英（*Q*）、长石、岩屑石英岩（*qs*）、灰岩（*ls*）和变砂岩（*ss*）等，碎屑物分选差，主要为 > 2.0*mm* 的细砾级，次棱角状—圆状为主要形态，各类碎屑物的长轴略显定向性。胶结物为钙质方解石（*Cal*），以孔隙式胶结为主，局部具嵌晶结构。（正交）

第五章　铅锌矿

第一节　矿种介绍

在自然界中，特别是原生矿床中，铅锌具有密切的共生关系，可谓是相伴相行，它们具有极为相似地球化学行为，均具有强烈的亲硫性，能形成相同类型的易容络合物，能被铁锰质、黏土或有机质所吸附。

铅是人类从铅锌矿石中提炼出来的较早的金属之一。它是最软的重金属之一，也是比重大的金属之一，具蓝灰色，硬度 1.5，比重 11.34，熔点 327.4℃，沸点 1750℃，展性良好，易与其他金属（如锌、锡、锑、砷等）制成合金。

锌从铅锌矿石中提炼出来的金属的时间较晚，是古代 7 种有色金属（铜、锡、铅、金、银、汞、锌）中最后的一种。锌金属具蓝白色，硬度 2.0，熔点 419.5℃，沸点 911℃，加热至 100℃~150℃时，具有良好压性，压延后比重 7.19。锌能与多种有色金属制成合金或含锌合金，其中最主要的是锌与铜、锡、铅等组成的黄铜，还可与铝、镁、铜等组成压铸合金。

铅锌用途广泛，广泛用于电气工业、机械工业、军事工业、冶金工业、化学工业、轻工业和医药业等领域。此外，铅金属在核工业、石油工业等部门也有较多的用途。

甘肃是中国铅锌资源大省之一，据统计，铅锌矿产地（包括共生和伴生在内）共有 130 处，其中大型 7 处、中型 19 处、小型 104 处。矿产资源储量表中的铅矿产地 63 处，保有资源储量为 201.08 万吨，保有储量居全国第六位；锌矿产地 67 处，保有资源储量为 948.54 万吨，保有储量居全国第三位。全省近 85% 查明储量聚集于西成地区，其次是白银地区，占 8.21%。这两个集中区内主要有厂坝、李家沟、邓家山、洛坝及小铁山等大型矿床，约占全省查明储量的 80%。

铅锌矿的成因类型可初步划分为：热卤水沉积型、次火山热液交代充填型、火山沉积—热液改造型、沉积—变质热液型、矽卡岩型。

1. 热卤水沉积型

位于西秦岭地区，为西成铅锌矿田内最主要的矿床类型之一。矿床赋存于中泥盆世深海盆环境中，自西向东矿床依次分布区有：岷县半沟—宕昌代家庄、礼县马家山—马家沟、西和—成县。中泥盆世稳定的海盆环境，发育了海相细碎屑岩、碳酸盐岩建造，有利于铅、锌、银、铜的形成。现已查明有厂坝、李家沟、毕家山、邓家山、洛坝大型铅锌矿床 5 处，页水河、向阳山、庙沟、代家庄中型铅锌矿床 4 处，尖崖沟、半沟、焦沟、沙草湾、小峪河等小型铅锌矿床 5 处。这些矿床其产出特点略有差异，但基本可以归为与碳酸盐岩和碎屑岩沉积建造有关的沉积型铅锌矿。

2. 次火山热液交代充填型

位于祁连地区白银厂矿田内，在省内占有重要地位，多与黄铁矿型铜矿、铁铜矿共生或相伴产出，仅有少数形成单独的铅锌矿化。在北祁连中寒武世黑茨沟群连续分异程度高的海相细碧岩—角斑岩—石英角斑岩建造中，发育有铜锌矿、铜铅锌矿、铅锌矿等组合矿化特征，以白银铜多金属矿田的诸矿床为代表，其中又以小铁山铜铅锌矿床的铅锌矿最为典型，铅锌金属总量超过 100 万吨，铅、锌比例为 2:3。

3. 火山沉积—热液改造型

处于夏河—礼县逆冲推覆构造带，含矿岩性以石炭系灰岩、泥质灰岩、白云质泥灰岩为主，夹中—基性火山岩和火山碎屑岩、板岩，其容矿岩石为角砾状白云质泥灰岩、白云岩、安山岩，顶板一般为含炭泥灰岩、泥质灰岩，底板为含炭钙质板岩、凝灰岩、安山岩。以临潭县下拉地铅锌矿为代表。

4. 沉积—变质热液型

该类矿床主要分布于阿尔金断裂带中段，矿化带赋存于石墨斜长变粒岩中，呈似层状、透镜状产出，顶、底板多为石墨矿体，两者产状基本吻合，低品位铅锌矿体与石墨矿共生，表明矿体受地层控制。成矿期次划分为沉积、变质热液两大成矿期。沉积成矿期，伴随沉积成岩作用，有益元素初步富集，形成矿源层。变质热液成矿期，铅锌富集。表明金属矿物主要形成于热液（变质—混合岩化热液）作用阶段，后期形成脉状铅锌矿体，说明成矿作用具多阶段性。空间分布于阿尔金山与祁连褶皱系交汇部位。以肃北县掉石沟铅锌矿床为代表。近年来，在其南西延长带上发现土大坂铅锌矿。

5. 矽卡岩型

该类型矿床（点）分布于北山地区。侵入体主要由花岗闪长岩、斜长花岗岩、花岗岩、石英闪长岩等构成，围岩主要是奥陶系碳酸盐岩类岩石，发育矽卡岩化等蚀变，组成简单或复杂矽卡岩并与成矿关系密切。接触蚀变带一般宽 50~200m，最宽 500m。矿体形状和产状复杂，受接触界面产状控制。不同类型矽卡岩有不同的金属矿化组合，一般矿物成分复杂，矿石中品位变化较大，铅品位变化于 0.2%~62.97%，一般 0.5%~3%，锌品位变化于 0.15%~10%，一般 0.3%~2%，并伴生铁、铜、钼、钨、银、锰、金等元素。典型矿床为瓜州县花牛山铅锌矿。近年来的研究认为，该矿床具有喷流沉积特征，拓宽了矿床外围和深部勘查的找矿空间。

华力西早期（早、中泥盆世）为主要成矿期，产有重要的厂坝式和页水河式矿床；次为加里东期，形成火山—次火山岩型多金属矿。华力西中期有少量工业矿化，如早石炭世火山沉积—改造型和晚石炭世、矽卡岩型、热液型矿化。近年在元古界（长城、青白口纪）中发现具有前景的矿化富集地段，如肃北县土大坂铅锌矿。

第二节　矿床介绍

一、热水沉积型铅锌矿—成县厂坝铅锌矿

（一）成矿地质背景

大地构造位置处于中秦岭陆缘盆地。区内地层以泥盆系分布最广，含矿地层主要为泥盆纪早世安家岔组（D_1a）：灰绿、黄绿、黄褐色粉砂岩、粉砂质绢云千枚岩、钙质绢云千枚岩夹粉砂岩、泥岩、泥质生物灰岩等。属陆棚碎屑滨海环境之前滨砂泥岩建造组合。本区褶皱构造发育，其中以东西向展布的吴家山背斜为骨架，对区内地层、矿带的分布起主要控制作用。断裂构造发育，以东西向为主，北东向—北北东向次之。

区内侵入岩发育，主要为印支期中酸性侵入岩，有糜署岭（黑云母 K-Ar，120~172Ma）、草关花岗闪长岩体（K-Ar，93.5Ma；U-Pb,205Ma），黄渚关（K-Ar，184~222Ma）、厂坝（K-Ar，200Ma）、沙坡里二长花岗岩体，候家村闪长岩体（K-Ar，195Ma）等。岩石多具似斑状结构，蚀变较弱，围岩矽卡岩化不发育，角岩化带较窄。

（二）矿床地质特征

矿区内出露地层为早泥盆世安家岔组（D_1a），呈北西西向展布，按岩性组合及含矿层特征，安家岔组分为焦沟层（D_1a^2）和厂坝层（D_1a^1），两者为整合接触关系。厂坝层：分布于干渔廊向斜两翼，南翼未分，北翼主要由厚层、块状大理岩夹细晶白云岩、含炭生物灰岩组成。厂坝一带变质较深，为云母石英片岩、大理岩、石英

岩、白云岩，为矿区主要赋矿地层。焦沟层：为干渔廊向斜核部地层，地表出露于矿区南侧，西窄东宽。为黑云母石英片岩、二云石英片岩夹浅灰色大理岩、云母大理岩、含钾长黝帘透辉石英片岩层或扁豆体，灰—灰紫色，不等粒变晶或鳞片变晶结构，条纹及条带状构造，片理明显，层厚58~600m。

厂坝矿区受吴家山复式背斜北东翼的二级构造干渔廊向斜的控制。区内向斜轴部紧闭，由焦沟层（D1a2）组成，轴面向北倒转，两翼岩层近于等斜，由厂坝层（D1a1）组成，据劈理及拖褶皱指示北翼地层南倾为正常层序。矿区内断裂构造发育，主要断裂构造有两组，即走向断层组（为走向近东西的层间压扭性断层）和横向断层（是北东向为主的横向压扭性—张扭性断层）。

黄渚关岩体西部辉石闪长岩中透辉石矽卡岩中含铜、钡、铁矿化，东部闪长岩边部有铜、镍矿化，南部花岗闪长岩的派生岩脉中有铅锌矿化；厂坝花岗岩外接触带有钨、钼、铍等矿化。

厂坝地区在区域浅绿片岩相的背景上，由于局部地热异常引起的重熔交代岩浆的侵入，导致小范围达到中级变质相带。常见的岩类为片岩、石英岩、大理岩，与成矿作用有关联的近矿围岩蚀变微弱，主要有硅化、碳酸盐岩化、绢云母化（图5-1）。

（三）矿体特征

厂坝—李家沟铅锌矿床含矿层延长 > 2200m。厂坝矿段有矿体51个，主矿体3个，均产于黑云母片岩和大理岩中。矿体呈层状、似层状、透镜状，与围岩整合产出，走向290°~350°，倾向南西，倾角40°至直立。矿体沿走向有分枝、复合、膨缩的特征。

以厂Ⅰ、厂Ⅱ号矿体规模最大，主矿体平均品位为Zn5.16%，Pb1.38%，Zn/Pb 比值3.74；李家沟矿段共有矿体95个，以李Ⅰ、李Ⅲ两矿矿体规模最大，主矿体平均品位为Zn8%，Pb1.29%，Zn/Pb 比值6.2。矿体呈层状、似层状、透镜状，与围岩整合产出。产于片岩中的矿体，其直接赋矿岩石为黑云石英（片）岩，主矿体有厂坝Ⅱ、Ⅷ号矿体和李家沟Ⅲ2号矿体；产于大理岩中的矿体的直接赋矿岩石为灰白色大理岩、含炭质角砾大理岩、含炭质大理岩，有时矿体亦产于大理岩与黑云母石英片岩的接触部位。矿体沿走向有分枝、复合、膨缩的特征，主矿体有厂坝

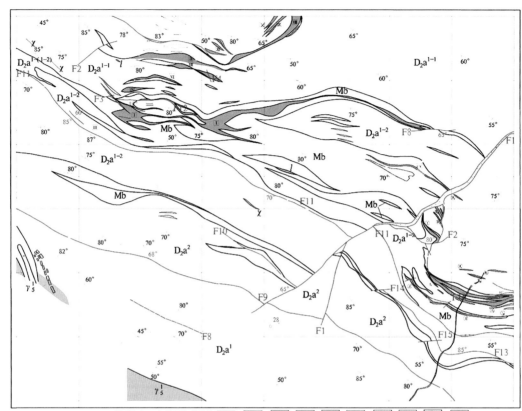

图5-1　甘肃省成县厂坝铅锌矿地质图（据王锦涛，2013）

1- 第四系；2- 焦沟层石榴黑云母石英片岩、二云石英片岩；3- 厂坝层大理岩层；4- 厂坝层条带状黑云石英片岩层；5- 厂坝层（未分）大理岩、白云石大理岩、石英云母片岩；6- 厂坝层上部层、下部层；7- 大理岩；8- 花岗闪长岩；9- 细晶岩脉；10- 实测、推测正断层；11- 李家沟铅锌矿体及编号；12- 厂坝铅锌矿体及编号；13- 低品位矿体及编号；14- 断层破碎带；15- 实测、推测正断层；16- 实测、推测逆断层；17- 实测地质界线。

Ⅰ号矿体和李家沟Ⅰ、Ⅱ号矿体。

（四）矿石特征

矿石中主要有益组分为铅锌，以独立矿产矿物出现；主要为闪锌矿、方铅矿、少量异极矿、白铅矿。伴生组分有益元素为硫、镓、锗、银、铟、镉、铊；银、铊主要赋存于方铅矿中，锗、镉、铟主要赋存于闪锌矿中，镓主要赋存于黄铁矿中。有害元素为砷、锑。矿石含硫较高，一般 0.5%~2%，伴生钴含量 0.005%~0.09%，矿物为辉砷钴矿。产于片岩中的矿石金属矿物主要为闪锌矿、黄铁矿、方铅矿，次为磁黄铁矿，少量黄铜矿、斜方硫锑铅矿、毒砂、磁铁矿等。脉石矿物主要为石英、白云母，次为斜长石、微斜长石、黑云母，少量透闪—阳起石、重晶石、榍石、磷灰石、电气石、萤石等。产于大理岩中的矿石的金属矿物主要有闪锌矿、黄铁矿，其次为方铅矿，少量磁黄铁矿、毒砂、白铁矿、斜方硫锑铅矿、汞银矿、黝铜矿、钛铁矿、磁铁矿、胶状黄铁矿、红锑镍矿、灰硫砷铅矿等。脉石矿物主要为方解石，次为石英，少量斜长石、微斜长石、黑云母、榍石、炭质等。

矿石结构：有莓球状、针状、半自形粒状、他形粒状、球粒状、交代文象、交代残余、包溶、乳滴、蠕虫、骸晶、固溶体分离、晶内、碎裂等结构。

矿石构造：主要为条纹—条带状、块状构造，其次有浸染状、隐晶质条纹状、块状、褶曲揉皱状、似片麻状、胶结角砾状、脉状、网脉状、多孔疏松状等构造。

按矿石氧化程度不同，划分为：硫化矿石（氧化率 <30%）、氧化矿石（氧化率 ≥ 30%）。

硫化矿石工业类型可分为铅锌矿石、铅矿石、锌矿石3种类型。

（五）矿床成因与成矿模式

吴家山基底隆起，引起下渗海水的对流循环，流经地层形成含矿热卤水，并沿着断裂上升，进入沉积盆地，在局部洼地中停聚，在相对较高温度的热水环境中，硫酸盐被还原产生大量硫，与铅锌等金属结合形成富含金属硫化物的矿层。由于盆地边缘及卤水层上部处于浅水半氧化环境，因而形成重晶石等硫酸盐及少量硫化物沉积。随着热异常持续、稳定地作用，使得热液系统发育完全，从而形成厂坝巨厚的具韵律沉积特征的层状矿体。同生断裂的脉动式活动导致含矿流体周期性流动，成矿作用在较长时间内反复发生，从而形成片岩与灰岩两套含矿系统。厂坝铅锌矿床其成矿过程，是深部热水沿生长断裂向上运移，并喷溢到礁后断陷滞流盆地中，在热水中矿质沉淀、聚集的过程。

矿床受控于中泥盆世安家岔组地层之中，主要容矿岩石为碎屑岩及碳酸盐岩，矿体与围岩整合产出。矿床形成于台地边缘生物礁后断陷滞流盆地之中，受台缘断陷滞流盆地相中的次洼地控制；矿床受生长断裂控制，主要的矿体产于生长断裂的旁侧；矿床受地热增高点控制。

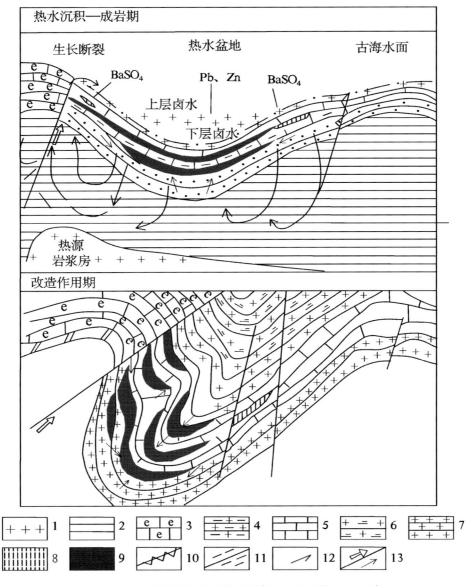

图 5-2　厂坝铅锌矿成矿模式图（据卫治国等，2011）

1- 岩浆房；2- 前泥盆纪基底；3- 生物微晶灰岩；4- 千枚岩；5- 大理岩；6- 片岩；7- 砂岩；8-重晶石脉；9- 块状铅锌矿体；10- 生长断层；11- 富含金属软泥；12- 断层；13- 富金属热水及地层下渗水运移方向。

（六）标本采集简述

厂坝铅锌矿区共采集岩矿石标本 12 块（表 5-1）。其中矿石标本 4 块，岩石标本 8 块，矿石标本岩性为灰黑色糜棱岩化石英大理岩型方铅矿闪锌矿矿石、灰白色含白云母石英岩型方铅矿矿石、浅灰色石英大理岩型黄铁矿闪锌矿矿石、灰色磁黄铁矿化方解黑云石英片岩；岩石标本岩性为浅灰色二云母片岩、深灰色微碎裂岩化绢英岩、浅灰色二长浅粒岩质碎裂岩、灰色黑云母石英片岩、灰白色石英大理岩、浅粉红色块状含白云母石英大理岩、深灰色细中粒黑云辉石石英闪长岩、浅灰色中细粒角闪黑云石英闪长岩。本次采集的标本基本覆盖了厂坝铅锌矿不同类型的矿石、岩石及围岩，较全面地反映了秦岭地区热水沉积型铅锌矿的地质特征。

表 5-1　厂坝铅锌矿采集典型标本

序号	标本编号	标本岩性	标本类型	薄片编号	光片编号
1	CbB-1	灰紫色糜棱岩化石英大理岩型方铅矿闪锌矿矿石	矿石	Cbb-1	Cbg-1
2	CbB-2	灰白色含白云母石英岩型方铅矿矿石	矿石	Cbb-2	Cbg-2
3	CbB-3	浅灰色石英大理岩型黄铁矿闪锌矿矿石	矿石	Cbb-3	Cbg-3
4	CbB-4	浅灰色二云母片岩	围岩	Cbb-4	
5	CbB-5	深灰色微碎裂岩化绢英岩	围岩	Cbb-5	
6	CbB-6	灰色磁黄铁矿化方解黑云石英片岩	矿石	CbB-6	Cbg-4
7	CbB-7	浅灰色二长浅粒岩质碎裂岩	围岩	Cbb-7	
8	CbB-8	灰色黑云母石英片岩	围岩	Cbb-8	
9	CbB-9	灰白色石英大理岩	围岩	Cbb-9	
10	CbB-10	浅粉红色含白云母石英大理岩	围岩	Cbb-10	
11	CbB-11	深灰色细中粒黑云辉石石英闪长岩	岩石	Cbb-11	
12	CbB-12	浅灰色中细粒角闪黑云石英闪长岩	岩石	Cbb-12	

（七）岩矿石光薄片图版及说明

照片 5-1　CbB-1

灰紫色糜棱岩化石英大理岩型方铅矿闪锌矿矿石：糜棱结构，不连续流动构造。标本由金属矿物和脉石矿物组成，金属矿物包括黄铁矿、方铅矿和闪锌矿等，黄铁矿被闪锌矿包裹而部分晶体的棱边较圆滑，多单晶体状分散分布。闪锌矿大部晶体彼此衔接成不规则的条带状和致密程度差异较大的块状集合体；脉石矿物有方解石、石英和白云母等。

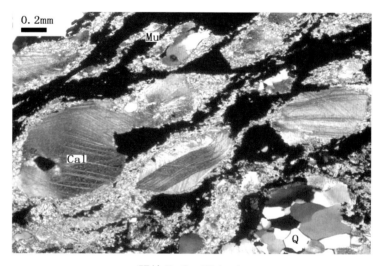

照片 5-2　Cbb-1

糜棱岩化石英大理岩型方铅矿闪锌矿矿石：糜棱结构，不连续流动构造。脉石矿物有方解石（Cal）、石英（Q）和白云母（Mu）等，方解石破碎细粒化，碎斑近眼球状，粒径 0.3~1.5mm，双晶纹明显膝折和弯曲，长轴具明显的定向性；石英的部分棱边较圆滑，白云母有不同程度的斜列和弯曲状。破碎的方解石基质多重结晶成粒径＜0.03mm 的糖粒状，集合体状绕过碎斑近定向分布，构成不连续流动构造。（正交）

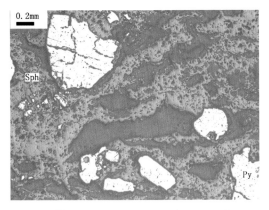

照片 5-3-1　Cbg-1（Cbb-1）

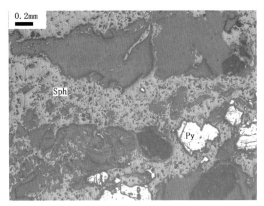

照片 5-3-2　Cbg-1（Cbb-1）

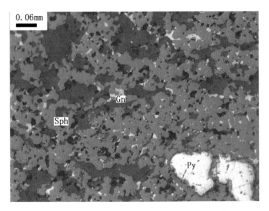

照片 5-3-3　Cbg-1（Cbb-1）

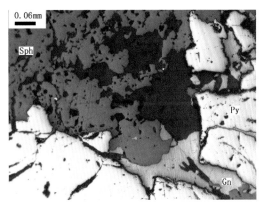

照片 5-3-4　Cbg-1（Cbb-1）

　　糜棱岩化石英大理岩型方铅矿闪锌矿矿石：粒状结构，包含、交代结构，块状构造。金属矿物为黄铁矿（*Py* 13%）、方铅矿（*Gn* 2%）和闪锌矿（*Sph* 40%）等。黄铁矿常被闪锌矿包裹，部分晶体的棱边较圆滑（照片 5-3-1），粒径在 0.1~1.2*mm*，多单晶体状分散分布。闪锌矿显灰色微带褐色反射色，大部晶体彼此衔接成不规则的条带状（照片 5-3-2）和致密程度差异较大的块状集合体（照片 5-3-3）。方铅矿呈亮白反射色，均为 0.02~0.1*mm* 大小的不规则粒状，尖棱角状交代闪锌矿和黄铁矿（照片 5-3-4），不均匀分布。金属矿物的生成顺序为：黄铁矿→闪锌矿→方铅矿。（单偏光）

照片 5-4　CbB-2

　　灰白色含白云母石英岩型方铅矿矿石：鳞片粒状变晶结构，块状构造。标本由金属矿物和脉石矿物组成，金属矿物主要为方铅矿，偶见黄铁矿和闪锌矿。方铅矿不规则粒状，常形成致密程度有差异的团块状集合体和断续脉状，团块的大小在 5~15mm，脉状体的宽度在 0.03~10.0mm。它形粒状闪锌矿与方铅矿紧密伴生；脉石矿物为石英和白云母。石英以它形粒状为主，少量晶体近等轴粒状。白云母呈鳞片状。

照片 5-5　Cbb-2

　　含白云母石英岩型方铅矿矿石：鳞片粒状变晶结构，块状构造。脉石矿物为石英（Q 78%）和白云母（Mu 5%）。石英以它形粒状为主，少量晶体近等轴粒状，粒径 0.08~2.0mm，波带状消光。白云母鳞片的切面近长方形，长轴 0.05~0.5mm。白云母的长轴与石英的棱边多平行接触，具稳定共生结构，长轴略显定向。（正交）

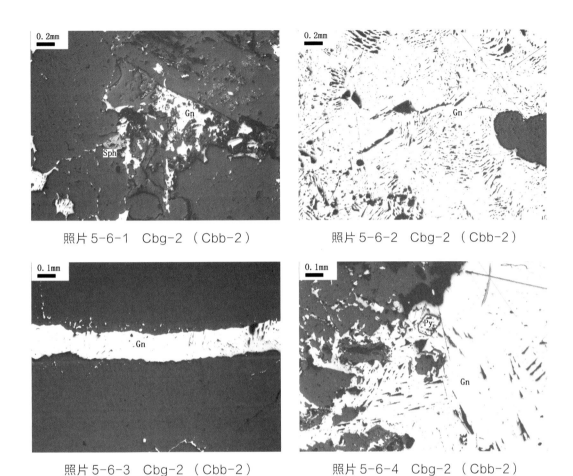

照片 5-6-1　Cbg-2（Cbb-2）　　　照片 5-6-2　Cbg-2（Cbb-2）

照片 5-6-3　Cbg-2（Cbb-2）　　　照片 5-6-4　Cbg-2（Cbb-2）

　　含白云母石英岩型方铅矿矿石：粒状结构，不规则团块—断续脉状构造。金属矿物主要为方铅矿（*Gn* 15%），偶见黄铁矿（*Py*）和闪锌矿（*Sph*）。方铅矿的晶面具特征的黑三角孔，为粒径 0.05~1.0*mm* 的不规则粒状（照片 5-6-1），常形成致密程度有差异的团块状集合体（照片 5-6-2）和断续脉状（照片 5-6-3），团块的大小 5~15*mm*，脉状的宽度 0.03~10.0*mm*。它形粒状闪锌矿与方铅矿紧密伴生，细小的自形—半自形粒状黄铁矿完全被闪锌矿包裹（照片 5-6-4）。（单偏光）

照片 5-7　CbB-3

　　浅灰色石英大理岩型黄铁矿闪锌矿矿石：粒状变晶结构，不连续条带状构造。标本由金属矿物和脉石矿物组成，金属矿物为黄铁矿和闪锌矿。黄铁矿以半自形粒状为主，单晶体状分散分布，部分晶体被闪锌矿包裹。闪锌矿均为不规则粒状，大部晶体彼此衔接成不规则的条带和团块集合体。脉石矿物为方解石和石英。方解石普遍定向拉长，长轴显定向性。石英以棱边平直的近等轴粒状和糖粒状为主。

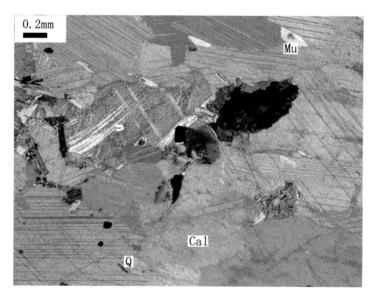

照片 5-8　Cbb-3

　　石英大理岩型黄铁矿闪锌矿矿石：粒状变晶结构，不连续条带状构造。脉石矿物为方解石（Cal 42%）和石英（Q 29%）。方解石普遍定向拉长，有的晶体边缘具不连续的串珠状细粒组分，长轴 0.1~2.0mm，双晶纹强烈弯曲，长轴显定向。石英以棱边平直的近等轴粒状和糖粒状为主，粒径 0.05~0.5mm，石英晶体彼此常具 1200 的三边接触面。矿石具成分差异的渐变条带，金属矿物主要分布在石英富集的条带中。（正交）

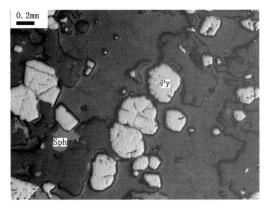

照片 5-9-1　Cbg-3（Cbb-3）

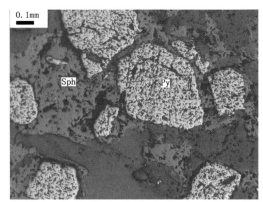

照片 5-9-2　Cbg-3（Cbb-3）

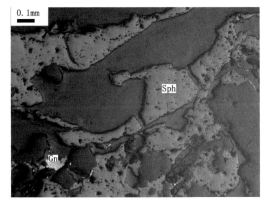

照片 5-9-3　Cbg-3（Cbb-3）

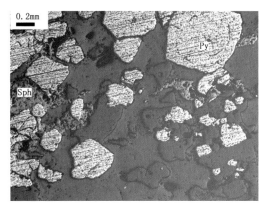

照片 5-9-4　Cbg-3（Cbb-3）

　　石英大理岩型黄铁矿闪锌矿矿石：粒状结构，包含结构，条纹—条带状构造。金属矿物为黄铁矿（Py 15%）和闪锌矿（Sph 13%）。黄铁矿以半自形粒状为主（照片 5-9-1），切面为多边形或具多边形的轮廓，粒径 0.05~0.8mm，多单晶体状分散分布，部分晶体被闪锌矿包裹形成包含结构（照片 5-9-2）。闪锌矿均为不规则粒状，大部晶体彼此衔接成不规则的条带和团块（照片 5-9-3）。黄铁矿和闪锌矿多富集成 2~8mm 宽的断续状条纹和条带（照片 5-9-4）。（单偏光）

照片 5-10　CbB-4

　　灰色二云母片岩：鳞片粒状变晶结构，条带状构造，片状构造。岩石由黑云母（20%）、白云母（40%）和石英（30%）组成。石英近等轴粒状、糖粒状和它形粒状；云母片的长轴在 0.02~0.15mm，黑云母显深褐黄色。岩石具 1~4mm 宽显成分差异的断续条带，黑、白云母富集的条带颜色较深。矿物定向分布形成的片理面与成分条带的方位一致。

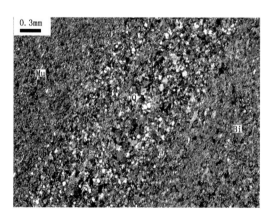

照片 5-11-1　Cbb-4（正交）

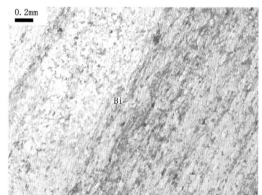

照片 5-11-2　Cbb-4（单偏光）

　　二云母片岩：鳞片粒状变晶结构，条带状构造，片状构造。黑云母（Bi 20%）、白云母（Mu 43%）和石英（Q 31%）为组分。石英近等轴粒状、糖粒状和它形粒状，粒径 0.02~0.13mm；云母片的长轴在 0.02~0.15mm，黑云母深褐黄色（照片 5-11-2）。岩石具 1~4mm 宽显成分差异的断续条带，云母富集的条带颜色较深。矿物定向分布形成的片理面与成分条带的方位一致。

照片 5-12　CbB-5

灰色微碎裂岩化绢英岩：微碎裂结构，微鳞片粒状变晶结构，团块状构造。裂隙将岩石切割成大小不等的条块状，裂隙两侧的位移不明显，原岩碎粉和方解石集合体等胶结破碎岩块。石英和绢云母为原岩组分，彼此紧密镶嵌；绢云母鳞片常构成具一定轮廓的集合体。

照片 5-13　Cbb-5（单偏光）

微碎裂岩化绢英岩：微碎裂结构，微鳞片粒状变晶结构，团块状构造。0.03~0.5mm 宽的脆性裂隙将岩石切割成大小不等的条块状，裂隙两侧的位移不明显，原岩碎粉和方解石（Cal）集合体等充填胶结破碎岩块。石英（Q）和绢云母（Ser）为原组分，石英的粒径 0.3~2.0mm，彼此紧密镶嵌，接触面从平直的1200到凹凸状均有，长轴略显定向；绢云母鳞片的长轴主要在0.02~0.05mm，常构成具一定轮廓的集合体。（正交）

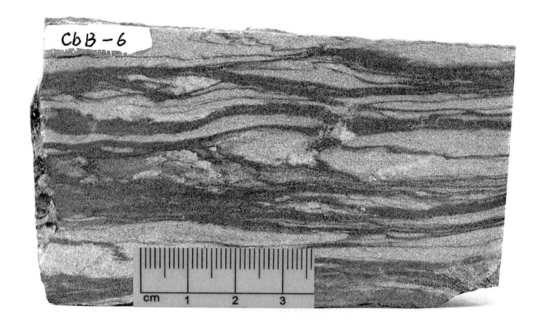

照片 5-14　CbB-6

　　灰色磁黄铁矿化方解黑云石英片岩：鳞片粒状变晶结构，条带状构造。标本由金属矿物和脉石矿物组成，金属矿物包括磁黄铁矿和偶见的黄铜矿。脉石矿物为方解石、石英、黑云母。石英为近等轴粒状、糖粒状和矩形长条状；方解石为近等轴粒状和菱面体；黑云母鳞片深褐黄色，切面近长方形。岩石具 1~4mm 宽显成分差异的明暗条带，该条带纵向渐变、横向不连续，条带与岩石的片理面方位一致。

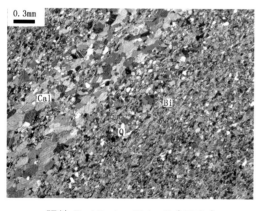

照片 5-15-1　Cbb-6（正交）

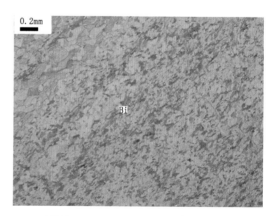

照片 5-15-2　Cbb-6（单偏光）

　　磁黄铁矿化方解黑云石英片岩：鳞片粒状变晶结构，条带状构造，片状构造。方解石（Cal 20%）、石英（Q 44%）、黑云母（Bi 35%）和金属矿物为组分。石英为近等轴粒状、糖粒状和矩形长条状，粒径 0.02~0.15mm；方解石为近等轴粒状和菱面体，粒径 0.05~0.3mm；黑云母鳞片深褐黄色（照片 5-15-2），部分切面近长方形，长轴 0.03~0.15mm。岩石具 1~4mm 宽显成分差异的明暗条带，该条带纵向渐变、横向不连续，条带与岩石的片理面方位一致。

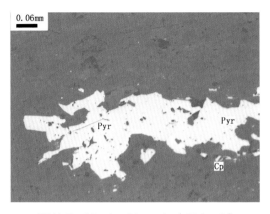

照片 5-16-1 Cbg-4（Cbb-6）

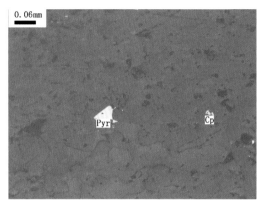

照片 5-16-2 Cbg-4（Cbb-6）

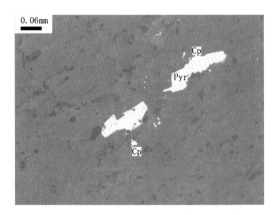

照片 5-16-3 Cbg-4（Cbb-6）

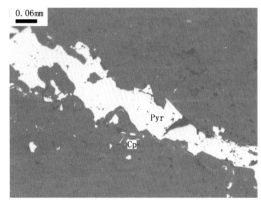

照片 5-16-4 Cbg-4（Cbb-6）

　　磁黄铁矿化方解黑云石英片岩：粒状结构，星点浸染—断续微脉状构造。金属矿物为磁黄铁矿（*Pyr*）和偶见的黄铜矿（*Cp*）。磁黄铁矿具浅玫瑰棕色反射色，反射多色性强（照片 5-16-1），偏光色为黄灰—红棕色，以半自形粒状为主（照片 5-16-2），具多边形或多边形切面的局部，粒径在 0.03~0.35*mm*，个别晶体具黄铜矿的固溶体分离物（照片 5-16-3）。黄铜矿的粒径仅在 0.015~0.03*mm*，空间上与磁黄铁矿紧密伴生。磁黄铁矿多单晶体状分散分布，部分晶体构成 0.1~0.3*mm* 宽的断续微脉状（照片 5-16-4）。（单偏光）

照片 5-17 CbB-7

浅灰色二长浅粒岩质碎裂岩：碎裂结构，鳞片粒状变晶结构，块状构造。岩石破碎成大小不等、位移明显的棱角状碎块，碎块被方解石集合体和泥炭质集合体充填胶结。原岩碎块组分为石英、斜长石、白云母和钾长石，石英和长石近等轴粒状，富含质点状泥炭质包裹体；白云母明显弯曲。各岩石碎块中矿物彼此稳定共生，长轴显定向性。

照片 5-18 Cbb-7

二长浅粒岩质碎裂岩：碎裂结构，鳞片粒状变晶结构，近块状构造。岩石破碎成大小不等、位移明显的棱角状碎块，碎块被方解石（Cal）和泥炭质集合体充填胶结。石英（Q）、斜长石（Pl）、白云母（Mu）和钾长石为原岩碎块组分，石英和长石近等轴粒状，粒径0.02~0.5mm，富含质点状泥炭质包裹体；白云母的长轴0.05~0.3mm，微弯曲。岩石碎块中矿物彼此稳定共生，部分长轴显微定向。（正交）

照片 5-19 CbB-7

灰色黑云母石英片岩：鳞片粒状变晶结构，条带状构造，不连续片状构造。岩石由黑云母、石英和斜长石组成。石英和斜长石多为棱边平直的近等轴粒状。黑云母鳞片的切面近长方形。岩石具1~5mm宽的成分差异明暗条带，矿物定向形成的断续片理与成分条带斜交。

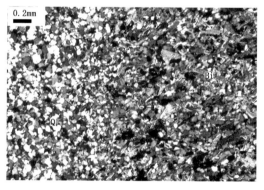

照片 5-20 Cbb-7

黑云母石英片岩：鳞片粒状变晶结构，条带状构造，不连续片状构造。黑云母（Bi 36%）、石英（Q 59%）和斜长石（Pl 4%）为主要组分。石英和斜长石多为棱边平直的近等轴粒状，粒径在0.02~0.15mm。黑云母鳞片的切面近长方形，长轴0.03~0.3mm。岩石具1~5mm宽的成分差异明暗条带，矿物定向形成的断续片理与成分条带斜交。（正交）

照片 5-21 CbB-9

灰白色石英大理岩：粒状变晶结构，不完全定向构造。岩石由方解石（80%）、石英（17%）和金属矿物组成。石英为棱边平直的近等轴粒状和糖粒状。方解石明显定向拉长，个别晶体的边缘具串珠状细粒组分。方解石和石英稳定共生，接触面多平直，长轴特别是方解石的长轴定向性明显，金属矿物为星点状的黄铁矿。

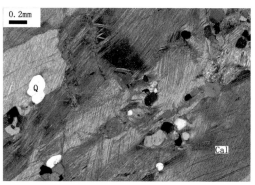

照片 5-22 Cbb-9

石英大理岩：粒状变晶结构，不完全定向构造。方解石（Cal 80%）、石英（Q 17%）和金属矿物等为岩石组分。石英为棱边平直的近等轴粒状和糖粒状，粒径 0.08~0.35mm。方解石明显定向拉长，个别晶体的边缘具串珠状细粒组分，粒径介于 0.2~0.5mm，双晶纹明显弯曲。方解石和石英稳定共生，接触面多平直，长轴特别是方解石的长轴定向性强。（正交）

照片 5-23 CbB-10

浅粉红色含白云母石英大理岩：鳞片粒状变晶结构，条带状构造。方解石（80%）、白云母（5%）、石英（5%）和金属矿物等组成该岩石。白云母鳞片自形，长轴与方解石的棱边平行接触。石英为近等轴粒状和糖粒状；方解石以菱面体和近等轴粒状为主，包裹细小的白云母和石英。石英和白云母在岩石中分布不均匀，构成具成分差异的明暗渐变条带，矿物的定向性与成分条带展布方位一致，金属矿物为星点状的黄铁矿。

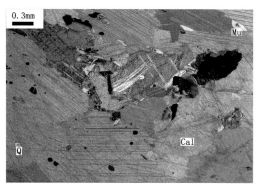

照片 5-24 Cbb-10

含白云母石英大理岩：鳞片粒状变晶结构，条带状构造，不完全定向构造。方解石（Cal 75%）、白云母（Mu 6%）、石英（Q 8%）和金属矿物等组成该岩石。白云母鳞片自形，长轴 0.1~0.5mm，长轴与方解石的棱边平行接触。石英为近等轴粒状和糖粒状，粒径 0.1~0.35mm；方解石以菱面体和近等轴粒状为主，粒径 0.4~3.0mm，包裹细小的白云母和石英。石英和白云母在岩石中分布不均匀，构成具成分差异的明暗渐变条带，矿物的定向与成分条带的方位一致。（正交）

照片 5-25　CbB-11

　　灰色细中粒黑云辉石石英闪长岩：半自形粒柱状结构，块状构造。造岩矿物主要为斜长石（65%）、钾长石（5%）、辉石（15%）、黑云母（8%）、石英（6%）和金属矿物等，粒径介于0.3~5.0mm。斜长石为宽板条状和短柱状；钾长石为半自形粒柱状，具条纹构造。石英均为不规则它形粒状；辉石短柱状，横断面多边形，部分晶体的边缘轻微纤闪石化。黑云母鳞片深红褐色，普遍与辉石伴生，金属矿物为星点状的黄铁矿。

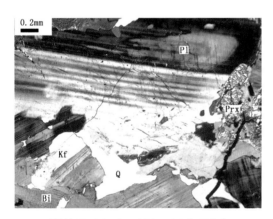

照片 5-26-1　Cbb-11（正交）

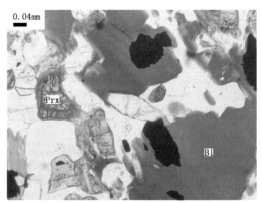

照片 5-26-2　Cbb-11（单偏光）

　　细中粒黑云辉石石英闪长岩：半自形粒柱状结构，块状构造。造岩矿物为斜长石（Pl 67%）、钾长石（Kf 4%）、辉石（Prx 13%）、黑云母（Bi 8%）、石英（Q 6%）和金属矿物等（照片 5-26-1），粒径介于 0.3~5.0mm。斜长石为宽板条状和短柱状，具卡式和卡钠复合双晶，正环带发育；钾长石为半自形粒柱状，具卡式双晶和条纹构造，属微斜条纹长石。石英均为不规则它形粒状；辉石短柱状，横断面为多边形，辉石式解理发育，晶体边缘轻微纤闪石化（照片 5-26-2）。黑云母鳞片深红褐色，普遍与辉石伴生。

照片 5-27　CbB-12

　　浅灰色中细粒角闪黑云石英闪长岩：半自形粒柱状结构，块状构造。岩石由斜长石（58%）、角闪石（10%）、黑云母（15%）、石英（10%）和钾长石（5%）等组成，粒径以 0.3~2.5mm 为主。斜长石的棱边较平直；钾长石为半自形粒柱状，部分晶体边缘被斜长石交代。石英均为它形粒状。角闪石短柱状，横断面近多边形，大部分晶体有不同程度的次闪石化。黑云母鳞片红褐色，部分晶体的边缘有不同程度的绿泥石化。

照片 5-28-1　Cbb-12（正交）

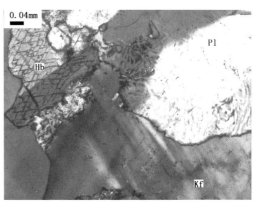

照片 5-28-2　Cbb-12（正交）

　　中细粒角闪黑云石英闪长岩：半自形粒柱状结构，块状构造。岩石由斜长石（Pl 58%）、角闪石（Hb 10%）、黑云母（Bi 15%）、石英（Q 10%）和钾长石（Kf 5%）等组成（照片 5-28-1），粒径以 0.3~2.5mm 为主。斜长石的棱边较平直，具卡式和卡钠复合双晶，部分晶体具正环带；钾长石为半自形粒柱状，具卡式双晶和形态不规则的条纹构造，属微斜条纹长石，部分晶体边缘被斜长石交代形成蠕英石（照片 5-28-2）。石英均为它形粒状。角闪石短柱状，横断面近多边形，闪石式解理特征，并具简单双晶，大部分晶体有不同程度的次闪石化。黑云母鳞片红褐色，晶体边缘有不同程度的绿泥石化。

二、热接触变质叠加改造喷流沉积型—瓜州县花牛山铅锌矿

（一）成矿地质背景

大地构造位置为敦煌陆块，属柳园地体。矿区出露地层为奥陶纪花牛山群，主要岩石类型有千枚岩、板岩、片岩和大理岩，并夹有少量火山岩。大理岩为主要含矿岩层，不含矿大理岩呈细粒—微粒状结构，灰黑色、薄层状构造。侵入岩与大理岩接触部位，常见矽卡岩化和角岩化。区内褶皱轴向为东西向，并叠加有后期南北向、北东向和北西向较小规模的次级褶皱。

矿区出露的花岗岩体，呈岩枝状和岩株状，侵位于花牛山群变质火山—沉积岩地层以及海西早期各类花岗岩体中，岩体与围岩接触面外倾，倾角 40°~70°，局部地段近于直立。花牛山东花岗岩为复式岩体，主要由早、晚两期侵入岩相所组成。同位素年研究结果表明，晚期钾长花岗岩的形成时代为燕山早期。

（二）矿床地质特征

矿区与成矿有关的地层主要为奥陶纪花牛山群（OH）。按照岩性特点将其划分为 4 个岩组。区内出露二、三、四岩组。主要呈现近东西向展布。四岩组（OH_4）：分布于一、二矿区北部，主要为板岩和角岩等。三岩组（OH_3）：主要为一套浅海相碳酸盐岩及泥质岩建造。岩性主要由含粒状石英的大理岩夹绢云千枚岩及粉砂质板岩等组成。二岩组（OH_2）：分布于花西滩至花黑滩一带，为一套浅变质的、浅海相泥质岩建造，在其内分布有大量酸性斑岩脉和石英脉，整体岩性较为单一。按岩性组合特征，可分上、下两个岩段。岩性分别为绢云千枚岩偶夹董青千枚岩、董青黑云角岩和石英绢云千枚岩、白云石英片岩夹石英岩透镜体。一岩组（OH_1）在矿床矿区未出露（图 5-3）。

区内印支期砖红色碱性花岗岩具有与重熔型花岗岩一致的特征，与铅、锌、银、金、钼等的成矿有内在的联系，是成矿物质和热源的主要供给者，为成矿母岩。

矿区内的断裂构造发育，分别为近东西向、北东向、北西向和近南北向。

围岩蚀变：有矽卡岩化、角岩化、黄铁矿化、黄铁—毒砂矿化、绢云母化、高岭土化、硅化、绿泥石化、萤石化、滑石菱镁矿化等。其中，黄铁矿化、退色蚀变、矽卡岩化相伴与铅锌成矿关系密切。

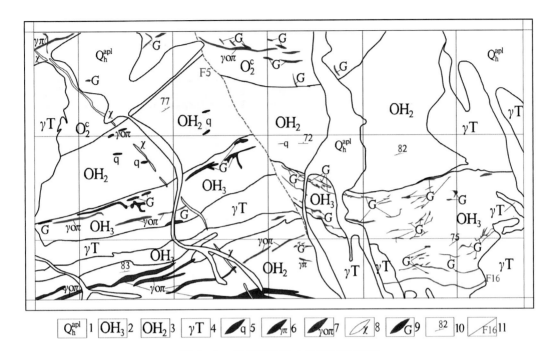

图 5-3　瓜州县花牛山铅锌矿地质图

1- 第四系;2- 奥陶纪花牛山群三岩组:含粒状石英的大理岩夹绢云千枚岩及粉砂质板岩;3- 奥陶纪花牛山群二岩组:绢云千枚岩偶夹堇青千枚岩、堇青黑云角岩和石英绢云千枚岩、白云石英片岩;4- 印支期花岗岩;5- 石英脉;6- 花岗斑岩脉;7- 斜长花岗斑岩脉;8- 煌斑岩脉;9- 铁锰帽—铅锌氧化矿体;10- 地层产状;11- 实测断层及编号。

(三)矿体特征

花牛山铅锌矿床由4个矿区组成,东西长11km,南北宽约6km。其中以一矿区面积最大,金属量最多。一矿区共圈定218个矿体,其中二矿带47个、三和四矿带171个,矿体主要在结晶灰岩、细碎屑岩夹火山岩中产出。矿体的形态以似层状为主,扁豆状矿体次之,似层状矿体与围岩呈整合产出。矿体走向延长10~380m,个别达500m,厚0.7~9m,最厚16.5m,沿倾斜延深几米至280m,最深可达350m。矿体走向多为70°,倾向北西,倾角50°~70°,并随围岩的产状变化而变化;扁豆状矿体延长10~80m,厚1~7m,延伸几米至96m。囊状矿体,横切面直径5~10m,延深不大,产状较陡。此外,还有一些小型的脉状矿体,常与围岩层理斜交。二矿区共圈定3个矿体,矿体形态呈似层状,产状特征与一矿区相当,向下延深不大。一矿区二、三矿带地表见扁豆状、透镜状矿体,其规模甚小。长一般

10~22m，厚（或宽）1.5~5.5m。囊状或柱状矿体仅见于浅井和老硐中，明显受后期两组断裂裂隙交叉部位所控制，横断面直径一般 5~10m。

（四）矿石特征

矿石矿物主要为黄铁矿、磁黄铁矿、闪锌矿、方铅矿、次有毒砂、磁铁矿、硫锰矿、黄铜矿、白铁矿、黝锡矿、褐铁矿、赤铁矿，微量深红银矿、辉银矿、硫锑铅矿、银锑黝铜矿、银黝铜矿。脉石矿物为方解石，次为石英、绢云母、斜长石、透闪石、阳起石、石榴石、红柱石、绿泥石，偶含白云母、石膏、萤石等。矿石结构：他形—半自形粒状结构、半自形—自形粒状结构、自形粒状结构、包含结构、侵蚀结构、骸晶结构、似文象结构、交代残余结构、乳滴状结构、文象结构、压碎结构、揉皱结构。矿石构造：常见的有块状构造、条带状构造、细脉浸染和网脉状构造、浸染状构造、斑点状、似斑状、马尾丝状和角砾状等构造。工业类型为原生硫化矿和氧化矿。氧化率 > 30% 为氧化矿，< 10% 为氧化矿。原生矿进一步划分为：块状黄铁矿磁黄铁矿—闪锌矿方铅矿矿石，块状闪锌矿—方铅矿矿石，块状磁黄铁矿矿石。矿石平均品位 Pb2.26%~7.30%，Zn1.2%~4.07%，Ag68.5×10^{-6}~248.5×10^{-6}。伴生组分主要为 Ag、Cd、W、Mo。

（五）成矿模式

一矿区 δ34S 值变化范围为 -10.10‰ ~-4.88‰，离散值为 5.22‰，平均值为 -6.68‰，负值的出现可能与细菌还原硫参与有关，与一矿区产于结晶灰岩地层相吻合，说明成矿过程中有大量地层硫的参与。矿区内不同产状的方铅矿206Pb/204Pb 值变化范围为 18.183~18.587，平均值 18.343；207Pb/204Pb 变化范围为 15.466~15.736，平均值 15.541；208Pb/204Pb 变化范围为 38.010~39.270，平均值 38.375，其模式年龄变化于负值到 307Ma 之间，μ 值为 9.14~10.23，多数变化于 9.14~9.53，说明绝大多数铅的来源比较一致。在铅构造模式图 5-4，可见矿石铅主要位于地幔和造山带铅演化线之间，反映了矿石铅的来源以深源为主。

同矿区内矿石的 δ34S 值差别较大，反映了硫在来源上存在一定差别。一矿区 δ34S 值变化范围为 10.10‰ ~-4.88‰，离散值为 5.22‰，平均值为 -6.68‰，负值的出现可能与细菌还原硫参与有关，与一矿区产于结晶灰岩地层相吻合，说明成矿过程中有大量地层硫的参与。三矿区 δ34S 值变化范围为 +1.16‰ ~+4.82‰，离

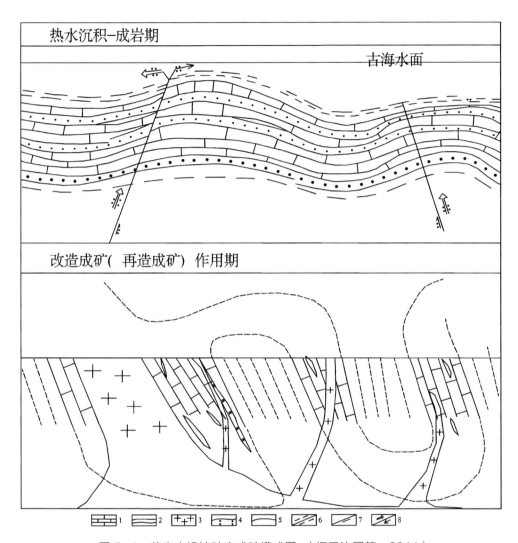

图 5-4　花牛山铅锌矿床成矿模式图 （据卫治国等，2011）

1- 灰岩；2- 千枚岩；3- 中粒花岗岩；4- 含矿硅质岩；5- 铅锌矿体；6- 富金属沉积物 / 正常沉积物；7- 断层；8- 深部热水运动方向。

散值为 3.66‰，平均值为 +2.20‰，具有典型幔源硫特征，说明三矿区中的硫可能来自深源。

（六）标本采集简述

花牛山铅锌矿区共采集岩矿石标本 11 块（表 5-2）。其中矿石标本 6 块，岩石标本 5 块，矿石标本岩性为红褐色褐铁矿黄钾铁矾化方解石岩脉体、灰白色大理岩型闪锌矿方铅矿矿石、深灰色大理岩型闪锌矿方铅矿矿石、灰褐色角砾状方铅矿闪锌矿矿石、深灰色含透闪石大理岩型闪锌矿方铅矿矿石、深灰色绢英岩型磁黄铁矿方铅矿矿石；岩石标本岩性为深灰色含炭质大理岩、灰白色含透闪石大理岩、肉红色中细粒含黑云花岗岩、灰色中细粒黑云角闪石英闪长岩、灰白色蚀变中细粒二长花岗岩。本次采集的标本基本覆盖了花牛山铅锌矿不同类型的矿石、岩石及围岩，较全面地反映了甘肃北山地区热接触变质叠加改造喷流沉积型铅锌矿的地质特征。

表5-2　花牛山铅锌矿采集典型标本

序号	标本编号	标本岩性	标本类型	薄片编号	光片编号
1	HnsB-1	深灰色含炭质大理岩	围岩	Hnsb-1	
2	HnsB-2	灰白色含透闪石大理岩	围岩	Hnsb-2	
3	HnsB-3	肉红色中细粒含黑云花岗岩	岩石	Hnsb-3	
4	HnsB-4	灰色中细粒黑云角闪石英闪长岩	岩石	Hnsb-4	
5	HnsB-5	灰白色蚀变中细粒二长花岗岩	岩石	Hnsb-5	
6	HnsB-6	红褐色褐铁矿黄钾铁矾化方解石岩脉体	矿石	Hnsb-6	Hnsg-1
7	HnsB-7	灰白色大理岩型闪锌矿方铅矿矿石	矿石	Hnsb-7	Hnsg-2
8	HnsB-8	深灰色大理岩型闪锌矿方铅矿矿石	矿石	Hnsb-8	Hnsg-3
9	HnsB-9	灰褐色角砾状方铅矿闪锌矿矿石	矿石	Hnsb-9	Hnsg-4
10	HnsB-10	深灰色含透闪石大理岩型闪锌矿方铅矿矿石	矿石	Hnsb-10	Hnsg-5
11	HnsB-11	深灰色绢英岩型磁黄铁矿方铅矿矿石	矿石	Hnsb-11	Hnsg-6

（七）岩矿石光薄片图版及说明

照片 5-29　HnsB-1

含炭质大理岩：灰黑色，粒状变晶结构，条带状构造。方解石晶体的棱边多平直，主要为菱面体和近等轴粒状，粒径 0.08~0.8mm，大小连续，长轴略显定向。微量白云母和隐晶状炭质紧密伴生，构成 0.2~3.0mm 宽颜色较深的暗色条带，该条带的延伸与方解石的定向一致。

照片 5-30　Hnsb-1

含炭质大理岩：粒状变晶结构，条带状构造，不完全定向构造。方解石（Cal 86%）晶体的棱边多平直，主要为菱面体和近等轴粒状，粒径 0.08~0.8mm，大小连续，彼此常具 1200 的三边稳定态接触面，长轴略显定向。微量白云母和隐晶状炭质紧密伴生，形成 0.2~3.0mm 宽颜色较深的暗色条带（照片左上侧），该条带的延伸与方解石的定向一致。（正交）

照片 5-31　HnsB-2

含透闪石大理岩：浅灰色，柱粒状变晶结构，断续条带状构造。岩石由方解石（90%）和透闪石（6%）组成。透闪石为短柱状和杆柱状，杆柱状晶体具竹节状解理。近等轴它形粒状方解石的棱边常有不同程度的弯曲。岩石具成分和粒径差异的渐变断续条带或团块。透闪石的长轴与方解石的棱边多平行接触，彼此稳定共生。

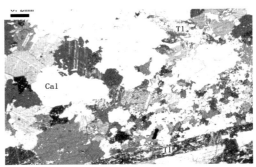

照片 5-32　Hnsb-2

含透闪石大理岩：柱粒状变晶结构，断续条带状构造。方解石（Cal 86%）和透闪石（Tl 6%）为主要组分。透闪石为短柱状和杆柱状，横断面为多边形或近六边形轮廓，长轴 0.1~2.3mm，横断面具闪石式解理和简单双晶，杆柱状晶体具竹节状解理。近等轴它形粒状方解石的棱边常有不同程度的弯曲，粒径 0.04~1.2mm。岩石具成分和粒径差异的渐变断续条带或团块（照片右下角方解石的粒径明显细小）。透闪石的长轴与方解石的棱边多平行接触，彼此稳定共生。（正交）

照片 5-33　HnsB-3

中细粒含黑云花岗岩：浅肉红色，花岗结构，交代结构，块状构造。岩石组分为斜长石（20%）、钾长石（50%）、石英（25%）和黑云母（4%）等。长石为宽板状、短柱状和它形粒状，斜长石的自形程度高于钾长石，粒径 0.5~3.0mm，斜长石有不同程度的绢—白云母、帘石和钠长石化。钾长石具复杂的条纹构造，部分晶体边缘被石英交代，黏土化强。石英多为不规则粒状。黑云母呈鳞片状。

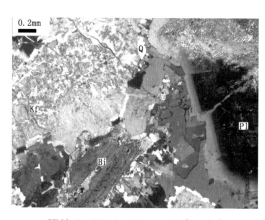

照片 5-34-1　Hnsb-3（正交）

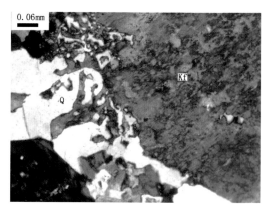

照片 5-34-2　Hnsb-3（正交）

中细粒含黑云花岗岩：花岗结构，交代结构，块状构造。组分为斜长石（Pl 20%）、钾长石（Kf 49%）、石英（Q 25%）和黑云母（Bi 4%）等。长石为宽板状、短柱状和它形粒状，斜长石的自形程度高于钾长石，粒径 0.5~3.0mm，斜长石具卡式和聚片双晶，具正环带，有不同程度的绢—白云母、帘石和钠长石化，有的晶体边缘具一圈明净的钠长石亮边（照片 5-34-1）。钾长石具复杂的条纹构造，部分晶体边缘被石英交代（照片 5-34-2），黏土化强。石英多为不规则粒状。黑云母鳞片褐色，有的晶体明显弯曲。

照片 5-35　HnsB-4

中细粒黑云角闪石英闪长岩：浅灰色，半自形粒柱状结构，块状构造。斜长石（66%）、角闪石（8%）、石英（18%）和黑云母（7%）为主要组分。斜长石自形，有不同程度的钠黝帘石和绢云母化，部分次生矿物环带状分布，个别晶体的局部被糖粒状的钠长石交代。石英以它形粒状为主。角闪石短柱状，个别晶体微次闪石化。黑云母鳞片深褐色，有的晶体边缘微绿泥石化。

照片 5-36-1　Hnsb-4（正交）

照片 5-36-2　Hnsb-4（正交）

中细粒黑云角闪石英闪长岩：半自形粒柱状结构，块状构造。斜长石（Pl 66%）、角闪石（Hb 8%）、石英（Q 18%）和黑云母（Bi 7%）为主要组分。斜长石自形，粒径 0.4~3.0mm，正环带发育，有程度不一的钠黝帘石和绢云母化，部分次生矿物环带状分布，个别晶体的局部被糖粒状的钠长石交代（照片 5-36-1）。石英以它形粒状为主。角闪石短柱状，部分横断面近多边形，具简单双晶（照片 5-36-2），包含微粒状斜长石，微次闪石化。黑云母鳞片深褐色，有的晶体边缘微绿泥石化。

照片 5-37　HnsB-5

蚀变中细粒二长花岗岩：浅肉红色，花岗结构，交代结构，块状构造。岩石组分为斜长石（20%）、钾长石（50%）、石英（25%）和黑云母（4%）等。长石以宽板状和短柱状为主，部分钾长石为它形粒状，粒径在 0.3~5.0*mm*，有不同程度的绢—白云母、帘石、钠长石和方解石化；钾长石属微斜条纹长石，条纹为脉状、树枝状和补丁状，黏土化强。

照片 5-38-1　Hnsb-5（正交）　　　　照片 5-38-2　Hnsb-5（正交）

蚀变中细粒二长花岗岩：花岗结构，交代结构，块状构造。组分为斜长石（*Pl* 20%）、钾长石（*Kf* 49%）、石英（*Q* 25%）和黑云母（*Bi* 4%）等。长石以宽板状和短柱状为主，部分钾长石为它形粒状，粒径在 0.3~5.0*mm*，斜长石的正环带数可达 10 环以上，有不同程度的绢—白云母、帘石、钠长石和方解石化；钾长石属微斜条纹长石，条纹为脉状、树枝状和补丁状（照片 5-38-1），黏土化强。黑云母完全被次生矿物白云母、方解石和绿泥石集合体代替，并沿解理缝定向析出粉末状金属矿物，残留鳞片假象。石英多为不规则粒状，有的斜长石和钾长石晶体被石英穿孔交代（照片 5-38-2）。

照片 5-39　HnsB-6

　　褐铁矿黄钾铁矾化方解石脉体：红褐色，板条状、土状结构，网脉状构造。属多期的热液脉体。早期的方解石以板条状和马牙状为主，具有脉方解石的典型特征。黄褐色的褐铁矿黄钾铁矾集合体宽 0.1~2.0mm，纵横交错呈网脉状，并明显切割早期的方解石晶体，显然形成较晚。黄钾铁矾以土状集合体为主，少量为微粒状。

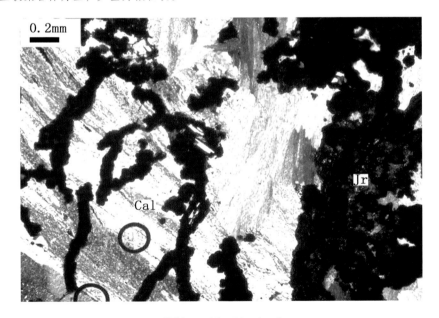

照片 5-40　Hnsb-6

　　褐铁矿黄钾铁矾化方解石脉体：板条状、土状结构，网脉状构造。标本属多期的热液脉体。早期的方解石（Cal 58%）以板条状和马牙状为主，长轴在 0.1~2.0mm，晶体定向或放射状分布，具有脉方解石的典型特征。黄褐色的褐铁矿黄钾铁矾（Jr 41%）集合体宽 0.1~2.0mm，纵横交错呈网脉状，并明显切割早期的方解石晶体，显然形成较晚。黄钾铁矾以土状集合体为主，少量为微粒状，正极高突起，呈高级白干涉色。（正交）

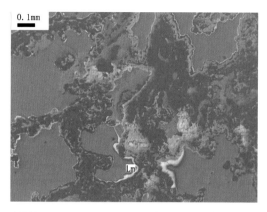

照片 5-41-1　Hnsg-1（Hnsb-6）单偏光

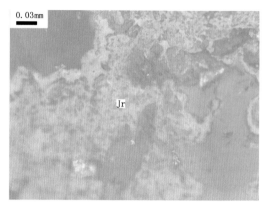

照片 5-41-2　Hnsg-1（Hnsb-6）正交

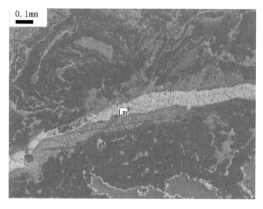

照片 5-41-3　Hnsg-1（Hnsb-6）单偏光

照片 5-41-4　Hnsg-1（Hnsb-6）单偏光

　　褐铁矿黄钾铁矾化方解石岩脉体：粒状、胶状结构，断续脉状—皮壳状构造。金属矿物为褐铁矿（Lm 5%）和微量黄铁矿（Py）。大部分胶状褐铁矿与土状黄钾铁矾集合体伴生，形成宽窄不一、形态复杂的断续脉状，褐铁矿呈皮壳状（照片 5-41-1）在脉体的边缘，分布在脉体中心的黄钾铁矾具橘黄色内反射色（照片 5-41-2）；少量褐铁矿为细脉状集合体（照片 5-41-3）。断续脉状黄铁矿集合体（照片 5-41-4）明显切割褐铁矿黄钾铁矾集合体，提示形成较晚。

照片 5-42　HnsB-7

　　大理岩型闪锌矿方铅矿矿石：深灰色，粒状变晶结构，不完全定向构造。方解石为单一的脉石矿物，方解石以等轴粒状和近菱面体为主，棱边平直或不同程度的弯曲，金属矿物有黄铁矿（*Py* 7%）、方铅矿（*Gn* 16%）、磁黄铁矿（*Pyr* 17%）和闪锌矿（*Sph* 3%）等，粒径介于 0.02~1.5*mm*，金属矿物多富集成致密程度有差异的条带。

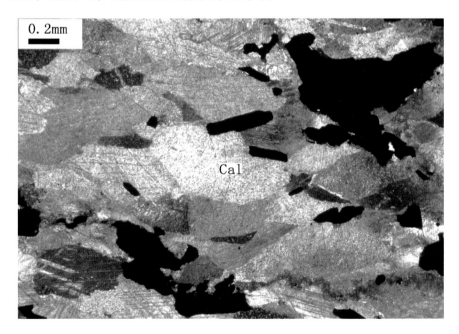

照片 5-43　Hnsb-7

　　大理岩型闪锌矿方铅矿矿石：粒状变晶结构，不完全定向构造。脉石矿物方解石（*Cal* 57%），以等轴粒状和近菱面体为主，棱边平直或不同程度的弯曲，粒径 0.1~1.0*mm*，有的晶体双晶纹明显弯曲状。方解石彼此的接触面从平直到凹凸状均有，局部具 1200 的三边稳定态结构，长轴略显定向。（正交）

照片 5-44-1　Hnsg-2（Hnsb-7）

照片 5-44-2　Hnsg-2（Hnsb-7）

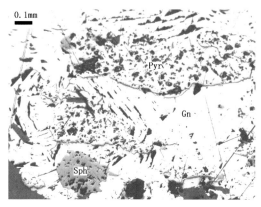

照片 5-44-3　Hnsg-2（Hnsb-7）

照片 5-44-4　Hnsg-2（Hnsb-7）

　　大理岩型闪锌矿方铅矿矿石：粒状结构，包含、交代结构，条带状构造。金属矿物有黄铁矿（Py 7%）、方铅矿（Gn 16%）、磁黄铁矿（Pyr 17%）和闪锌矿（Sph 3%）等，粒径 0.02~1.5mm，金属矿物多富集成致密程度有差异的条带，彼此包含和交代，以它形粒状为主，被包裹的晶体棱边浑圆状。闪锌矿具灰色微带褐色调反射色，有的晶体具乳滴状磁黄铁矿固溶体分离物（照片5-44-1）。方铅矿的形态和大小多受到分布空间的限制，晶面具黑三角孔。磁黄铁矿浅玫瑰棕色反射色。方铅矿尖棱角状交代黄铁矿，磁黄铁矿包含黄铁矿（照片5-44-2）；方铅矿包含磁黄铁矿和闪锌矿（照片5-44-3）；闪锌矿包含磁黄铁矿（照片5-44-4），矿物的生成顺序为：黄铁矿→磁黄铁矿→闪锌矿→方铅矿。（单偏光）

照片 5-45　HnsB-8

大理岩型闪锌矿方铅矿矿石：深灰色，粒状变晶结构，不完全定向构造。方解石为单一的脉石矿物，方解石以等轴粒状和近菱面体为主，棱边平直或不同程度的弯曲，金属矿物有黄铁矿（*Py* 7%）、方铅矿（*Gn* 16%）、磁黄铁矿（*Pyr* 17%）和闪锌矿（*Sph* 3%）等，粒径介于0.02~1.5*mm*，金属矿物多富集成致密程度有差异的条带。

照片 5-46　Hnsb-8

大理岩型闪锌矿方铅矿矿石：粒状变晶结构，不完全定向构造。脉石矿物方解石（*Cal* 57%）以等轴粒状和近菱面体为主，棱边平直或不同程度的弯曲，粒径0.1~1.0*mm*，有的晶体双晶纹呈明显弯曲状。方解石彼此的接触面从平直到凹凸状均有，局部具1200的三边稳定态结构，长轴略显定向。（正交）

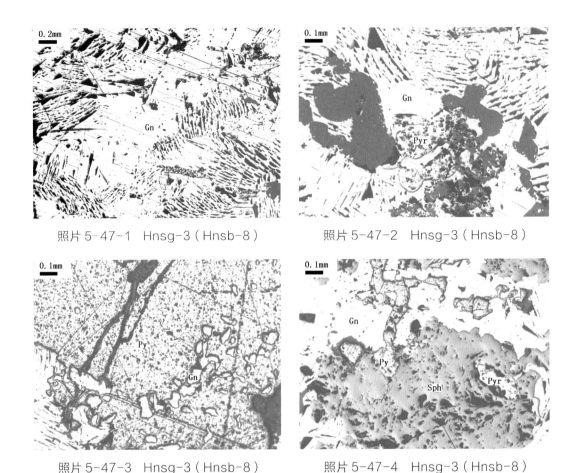

照片 5-47-1　Hnsg-3（Hnsb-8）　　　　照片 5-47-2　Hnsg-3（Hnsb-8）

照片 5-47-3　Hnsg-3（Hnsb-8）　　　　照片 5-47-4　Hnsg-3（Hnsb-8）

　　大理岩型闪锌矿方铅矿矿石：粒状结构，包含、交代结构，块状构造。金属矿物以方铅矿（ *Gn* 75%）为主，有少量黄铁矿（ *Py* 2%）、磁黄铁矿（ *Pyr* 3%）和闪锌矿（ *Sph* 5%）等。方铅矿彼此紧密镶嵌构成较致密集合体（照片 5-47-1），磁黄铁、黄铁矿和闪锌矿完全被方铅矿集合体包裹，因而大部分晶体的棱边呈浑圆状，磁黄铁矿保留柱粒状切面（照片 5-47-2），粒径在 0.05~0.1 *mm*；黄铁矿的晶体边缘被方铅矿不同程度的交代（照片 5-47-3），残留相对较自形的粒状轮廓；闪锌矿的粒径在 0.1~1.0 *mm*，明显被方铅矿交代，同时包含细粒的黄铁矿和磁黄铁矿（照片 5-47-4）。金属矿物的生成顺序为：黄铁矿→磁黄铁矿→闪锌矿→方铅矿。（单偏光）

照片 5-48　HnsB-9

　　角砾状方铅矿闪锌矿矿石：灰褐色，粒状变晶结构，不完全定向构造。金属矿物包括黄铁矿（Py 25%）、磁黄铁矿（Pyr 63%）、方铅矿（Gn 2%）、闪锌矿（Sph 8%）等。单一的脉石矿物方解石（Cal）含量仅 2%，该方解石的晶体形态和大小完全受分布空间的限制，有的晶体具平直棱边的局部，总体显近等轴粒状和菱面体的形态或轮廓，粒径 0.05~0.6mm，长轴略显定向。

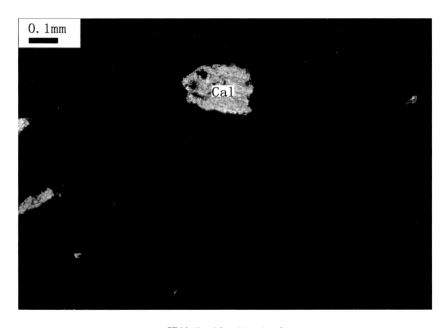

照片 5-49　Hnsb-9

　　角砾状方铅矿闪锌矿矿石：粒状变晶结构，不完全定向构造。脉石矿物方解石（Cal）的含量仅 2%，该方解石的晶体形态和大小完全受分布空间的限制，有的晶体具平直棱边的局部，总体显近等轴粒状和菱面体的形态或轮廓，粒径 0.05~0.6mm，长轴略显定向。（正交）

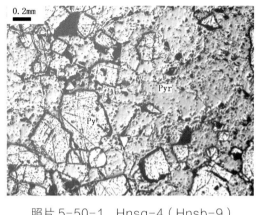

照片 5-50-1　Hnsg-4（Hnsb-9）

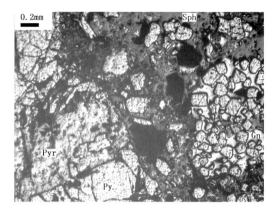

照片 5-50-2　Hnsg-4（Hnsb-9）

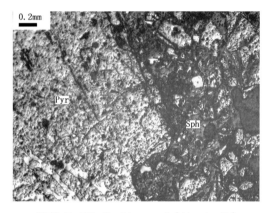

照片 5-50-3　Hnsg-4（Hnsb-9）

照片 5-50-4　Hnsg-4（Hnsb-9）

　　角砾状方铅矿闪锌矿矿石：粒状结构，碎裂、包含、交代结构，角砾状构造。金属矿物包括早期的黄铁矿（*Py* 25%）、磁黄铁矿（*Pyr* 63%）和晚期的方铅矿（*Gn* 2%）、闪锌矿（*Sph* 8%）等。矿化早期以致密团块状的磁黄铁矿为主，包裹棱边略显圆滑的黄铁矿，黄铁矿的切面近三角形、正方形和多边形（照片 5-50-1）。破碎带中的黄铁矿和磁黄铁矿以次棱角为主，有的黄铁矿具脆性裂纹（照片 5-50-2）。晚期闪锌矿和方铅矿主要分布在破碎带中，对破碎带起胶结作用，少量方铅矿以微脉状交代矿石碎块中的早期磁黄铁矿（照片 5-50-3 左侧）。闪锌矿和方铅矿的晶体形态和大小多受破碎带空隙的限制，以不规则粒状为主，少量闪锌矿被方铅矿包含而棱边圆滑（照片 5-50-4）。

照片 5-51　HnsB-10

深灰色含透闪石大理岩型闪锌矿方铅矿矿石：柱粒状变晶结构，略显定向构造。岩石由金属矿物和脉石矿物组成，金属矿物为方铅矿（26%）、磁黄铁矿（5%）和闪锌矿（Sph 14%）等，金属矿物彼此紧密镶嵌，构成断续条带或不规则块状集合体。脉石矿物为方解石和透闪石，脉石矿物横断面为多边形或近六边形。

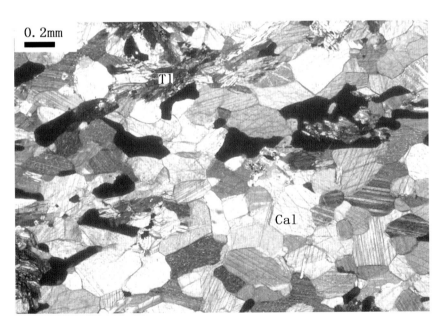

照片 5-52　Hnsb-10

含透闪石大理岩型闪锌矿方铅矿矿石：柱粒状变晶结构，略显定向构造。方解石（Cal 51%）和透闪石（Tl 4%）为脉石矿物（照片 5-52 黑色部分为脉石矿物的富集区域）。透闪石为短柱状和长宽比值 > 5:1 的杆柱状，横断面为多边形或近六边形，长轴 0.1~1.2mm，杆柱状晶体具竹节状解理，单晶体状分散分布或为束状集合体。方解石为近等轴粒状和菱面体，棱边多平直，粒径 0.08~0.7mm。透闪石和方解石的接触面平直，彼此稳定共生。（正交）

照片 5-53-1　Hnsg-5（Hnsb-10）

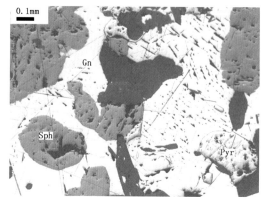

照片 5-53-2　Hnsg-5（Hnsb-10）

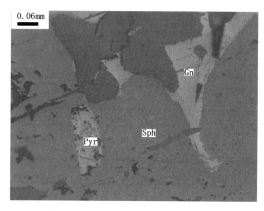

照片 5-53-3　Hnsg-5（Hnsb-10）

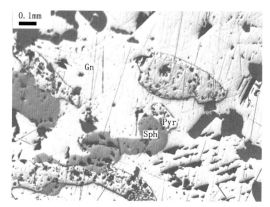

照片 5-53-4　Hnsg-5（Hnsb-10）

　　含透闪石大理岩型闪锌矿方铅矿矿石：粒状结构，包含、交代结构，断续条带状—团块状构造。方铅矿（*Gn* 26%）、磁黄铁矿（*Pyr* 5%）和闪锌矿（*Sph* 14%）等为矿石组分。金属矿物彼此紧密镶嵌，构成断续条带（照片 5-53-1）或不规则状团块。闪锌矿和磁黄铁矿被晚期的方铅矿包含或尖棱角状交代，现棱边多浑圆状（照片 5-53-2）。方铅矿粒径多为介于 0.05~1.0*mm* 的它形粒状。闪锌矿棱边浑圆并具弯曲状的熔蚀港湾，包含细粒的磁黄铁矿（照片 5-53-3）。磁黄铁矿完全被闪锌矿和方铅矿包裹，部分晶体与闪锌矿具共结边（照片 5-53-4），切面近圆状和长条状。金属矿物的生成顺序为：磁黄铁矿→闪锌矿→方铅矿。

照片 5-54　HnsB-11

深灰色绢英岩型磁黄铁矿方铅矿矿石：微鳞片粒状变晶结构，近块状构造。金属矿物为简单的方铅矿（*Gn* 3%）和磁黄铁矿（*Pyr* 67%），金属矿物将绢英岩切割成大小不等的岩块，脉石矿物为石英（*Q* 25%）和绢云母（*Ser* 5%），不同的岩块中矿物大小和含量有较大差异，石英从棱边平直的等轴粒状到它形粒状均有，磁黄铁矿为半自形—它形粒状，彼此紧密镶嵌构成较致密集合体，方铅矿均为不规则的它形粒状，局部略富集。

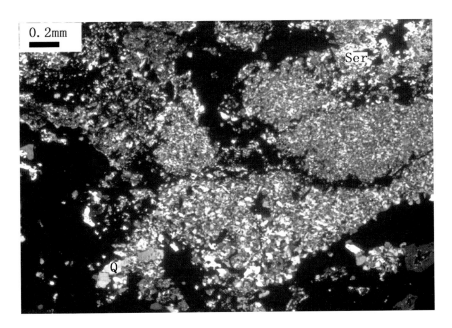

照片 5-55　Hnsb-11

绢英岩型磁黄铁矿方铅矿矿石：微鳞片粒状变晶结构，近块状构造。金属矿物将绢英岩切割成大小不等的岩块，脉石矿物为石英（*Q* 25%）和绢云母（*Ser* 5%），照片 5-55 中黑色部分为脉石矿物的高含量区，不同的岩块中矿物大小和含量有较大差异，石英从棱边平直的等轴粒状到它形粒状均有，粒径 0.02~0.15*mm*，彼此紧密镶嵌；绢云母鳞片的长轴多在 0.015~0.03*mm*，杂乱分布。（正交）

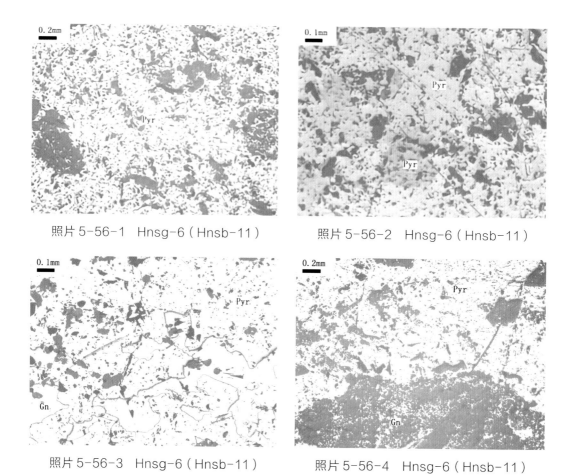

照片 5-56-1 Hnsg-6（Hnsb-11）　　照片 5-56-2 Hnsg-6（Hnsb-11）

照片 5-56-3 Hnsg-6（Hnsb-11）　　照片 5-56-4 Hnsg-6（Hnsb-11）

绢英岩型磁黄铁矿方铅矿矿石：粒状晶结构，包含、交代结构，块状构造。金属矿物为方铅矿（Gn 3%）和磁黄铁矿（Pyr 67%）。磁黄铁矿为半自形—它形粒状，粒径在 0.05~0.8mm，彼此紧密镶嵌构成较致密集合体（照片 5-56-1），具蓝灰—褐黄灰偏光色（照片 5-56-2）。方铅矿以尖棱角状近定向交代磁黄铁矿集合体（照片 5-56-3）或分布在脉石矿物中（照片 5-56-4），受分布空间的限制，方铅矿均为不规则的它形粒状，粒径在 0.02~1.0mm，局部略富集。

第六章　钨钼矿

第一节　矿种介绍

钨呈银白色，是熔点最高的金属，熔点达 3400℃，居所有金属之首，沸点 5555℃，比重 19.3，并具有高硬度、良好的高温强度和导电、传热性能，常温下化学性质稳定，耐腐蚀，不与盐酸或硫酸起作用。

钨在冶金和金属材料领域中属高熔点稀有金属或称难熔稀有金属，钨及其合金是现代工业、国防及高新技术应用中极为重要的功能材料之一，广泛应用于航天、原子能、船舶、汽车工业、电气工业、电子工业、化学工业等诸多领域。特别是含钨的高温合金主要应用于燃气轮机、火箭、导弹及核反应堆的部件，高比重钨合金则用于反坦克和反潜艇的穿甲弹头。钨精矿用于生产金属钨、碳化钨、钨合金及化合物。

甘肃省钨矿主要分布在酒泉、张掖地区。位于北祁连和中祁连两个构造单位的交界部位，其中肃北县塔尔沟、红尖兵山以黑钨矿为主，肃南县小柳沟以白钨矿为主。塔尔沟、小柳沟分别位于中祁连和北祁连造山带西部的前寒武纪微古陆块中。

甘肃省钼矿主要分布在北山、秦岭铜钼多金属成矿带内，特定大地构造背景下形成的含矿建造、区域性深大断裂以及后期构造—岩浆活动带，是钼多金属成矿的主要控矿因素，三者在空间上的复合是矿床体形成的有利部位。钼矿类型有：

1. 斑岩型

主要分布于北山、西秦岭成矿带，具典型斑岩矿床特征。矿床赋存在海西期、印支期侵入的花岗岩、花岗斑岩内，矿体与围岩岩石特征相似，岩石组分相近，并呈相变过渡关系。花岗岩为钼矿的形成提供了重要的热源和物源；矿床受控于断裂破碎带内，矿体产状与构造破碎带相一致，沿倾向延深较大，断裂构造与成矿关系密切，是控矿、容矿的主要场所；主矿体赋存在硅化碎裂岩带中，与硅化关系密切。代表矿床有温泉钼矿、红山井钼矿。共伴生元素主要有金、银、铜、钨、铅等。

2. 热液脉型

主要分布在北山成矿带，如瓜州县花黑滩钼矿，矿床产于印支期花岗岩体外接触带，受接触面产状的控制。与成矿紧密相关的岩浆活动，含矿热液沿构造薄弱地段及层间裂隙上涌侵位，在有利地段富集成矿，成矿以充填成矿为主，接触交代成矿次之，形成石英脉型钼矿体。当成矿热液与前期矿体叠加时，对前期矿体有叠加、活化、富集和改造的作用，使得前期矿体品位增高，厚度增大，同时使得钨、铜、钼等共生。代表矿床有花黑滩钼矿、小柳沟共生钼矿。围岩蚀变发育种类较全，且以热液接触蚀变为主。有矽卡岩化、硅化、绢云母化、碳酸盐岩化、高岭土化等。共伴生元素主要有铜、钨、钼、铼等。

钼是发现得比较晚的一种金属元素，1792 年由瑞典化学家从辉钼矿中提炼出来。辉钼矿的颜色为纯铅灰色，具有金属光泽。硬度为 1~1.5，比重 4.7~5.0。通常辉钼矿呈黑色的薄片状、鳞片状、浸染状、粒状或成可解理的块状，不透明。质地较软，极易劈为可弯曲但无弹性的薄片，具有滑感。分析表明，其导电性随着温度的增高而加大，且耐高温。用于提炼钼，制造钼钢、钼酸、钼酸盐和其他钼的化合物。

甘肃钼矿床类型较单一，主要有斑岩型、热液型两种。斑岩型已查明资源储量占全矿床类型的 75%，热液型查明资源储量占全矿床类型的 8%，其他类型查明资源储量占累计查明资源储量的 17%。

成矿阶段从中元古代、古生代以及中生代都有发生，其中以中元古代和晚古生代中晚期为主，印支燕山期的岩浆—热液活动，在特定的地质构造演化过程中，具备了多次构造岩浆活动、多矿源层、深部矿源、热动能及岩浆和成矿流体的运移空间，对中生代以前形成的地质体中的成矿物质进行了较强的再度富集，对先期形成的矿（化）体产生了强烈的叠加改造，使规模进一步扩大。前者以塔尔沟—小柳沟钨、钼矿为代表，后者以武山县温泉钼矿为代表。

第二节 矿床介绍

一、岩浆热液型钨矿—肃南县小柳沟钨矿

(一)成矿地质背景

本区大地构造位置处于北祁连造山带西段元古代镜铁山—朱龙关裂谷小柳沟—斑赛尔成熟岛弧构造带中。矿区处于中新元古界浅变质岩系组成的隆起带上。存在古老的沉积成岩基底,具有斜切构造沉积岩层特征,矿化具有穿层现象。矿区主要为前加里东大陆裂谷带,为本区内的主要成矿控矿构造,构造带内存在多期次构造变形、多期次叠加变质和多期次岩浆活动,区域断裂构造十分发育,构造线以北西走向为主,北北东向、北东向、近东西向次之。褶皱与断裂相伴,均为紧闭复式褶皱。区内火山岩发育,分布广泛,主要为基性火山岩伴随少量中基性火山岩,前长城系北大河岩群火山岩以中基—基性喷出岩为主,长城系朱龙关群火山岩:从下岩组顶部到上岩组上部均有产出,下岩组有玄武岩、细碧岩,呈夹层状产出。上岩组在熬油沟一带火山岩发育最好,基性火山岩与白云岩、角砾状灰岩、粉砂质板岩呈韵律性互层,夹有硅质岩、碧玉岩等。该群划分两个旋回,十个韵律层。

第一旋回为喷发沉积旋回(下岩组),三个韵律层的下部均以泥沙质板岩和细砂岩沉积为主,上部以灰岩或白云岩沉积结束,属滨海—浅海相火山喷发碎屑岩。

第二旋回为喷发旋回(上岩组),七个韵律层,每一韵律层的下部均以玄武岩喷发为主,局部有集块岩和火山豆细砾岩出现,上部均以灰岩或白云岩沉积结束。火山活动强烈,属裂隙式喷发,局部为中心式喷发—喷溢,具间歇性喷发特征。

小柳沟钨矿床产于第一、第二旋回的过渡部位。

（二）矿床地质、矿体特征

经勘查发现并相继开展地质工作，该矿床有小柳沟钨矿床、世纪铜钨矿床、祁宝铜钨矿床、贵山铜钨矿床和祁青钼矿组成，小柳沟钨矿床矿体划归为 3 个成矿带（图6-1）。

1 号成矿带位于矿床中南部，矿体主要产于长城系朱龙关群上岩组第一岩性段

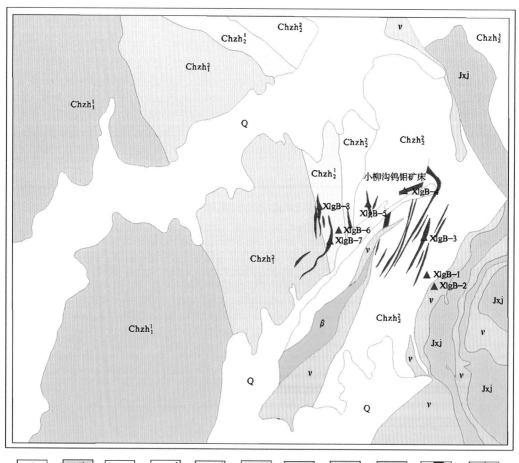

图 6-1　小柳沟钨矿矿区地质简图

　　1-第四系；2-蓟县系镜铁山群；3-长城系朱龙关群上岩组第三岩性段；4-长城系朱龙关群上岩组第二岩性段；5-长城系朱龙关群上岩组第一岩性段；6-长城系朱龙关群下岩组第二岩性段；7-长城系朱龙关群下岩组第一岩性段；8-辉长岩；9-玄武岩；10-钨钼矿体；11-标本采集位置及编号。

中，矿体整体上呈似层状弧形展布，容矿母岩主要为钙铝石榴石矽卡岩、矽卡岩化灰岩和少量角闪云母片岩，围岩以千枚岩和角闪云母片岩为主。1号、2号、6号等矿体产于其中。

1号矿体呈似层状弧形展布，具分枝复合现象，近地表由于受重力及地形影响矿体倾角较缓，向深部逐渐变得陡倾，矿体北部产状94°∠76°，南部产状127°∠70°，矿体走向延伸长度720m，倾向最大延深607m，水平厚度0.96~23.53m。2号矿体走向延伸长度400m，目前控制倾向最大延深237m，水平厚度1.52~11m，平均水平厚度4.14m，矿体北部产状87°∠66°，矿体南部产状127°∠71°。6号矿体走向延伸长度250m，目前控制倾向最大延深147m，水平厚度1.12~19.16m，平均水平厚度8.23m，矿体产状84°∠79°。

2号成矿带位于矿床中东部，矿体主要产于长城系朱龙关群上岩组第二岩性段、第三岩性段底部，矿体整体上呈似层状、透镜状近南北向展布，容矿母岩主要为透辉石透闪石矽卡岩、矽卡岩化灰岩和角闪云母片岩，围岩以角闪云母片岩为主。3号、4号、8号、9号、10号等矿体产于其中。3号矿体走向延伸长度70m，水平厚度2.93~3.25m，平均水平厚度3.09m，矿体产状98°∠40°。4号矿体与围岩界线不清，矿体走向延伸长度700m，目前控制倾向最大延深394m，水平厚度1.70~19.22m，平均水平厚度6.11m，矿体产状95°∠70°。8号矿体呈似层状，近南北向展布，地表矿体走向延伸65m，在3263m中段矿体走向延伸300m，目前控制倾向最大延深227m，水平厚度1.20~14.76m，平均水平厚度6.46m。9号矿体群走向延伸300m，目前控制倾向最大延深140m，水平厚度1.20~15.47m，平均水平厚度6.50m。

3号成矿带位于矿床东侧，矿体主要产于长城系朱龙关群上岩组第三岩性段顶部，矿体呈透镜状北东向展布，容矿母岩主要为透辉石透闪石矽卡岩和角闪云母片岩，围岩以角闪云母片岩为主。11号、11-1号矿体产于其中。11号矿体呈层状北东向展布，具分枝复合现象，矿体走向延伸长度100m，水平厚度2.64~32.13m，平均水平厚度21.11m，矿体产状120°∠50°。

（三）矿石特征

矿石中矿物组成较复杂，种类多，主要有用矿物有白钨矿、黄铜矿、辉铋矿、黄铁矿、磁黄铁矿、辉钼矿等，脉石矿物主要有透闪石—阳起石、绿泥石、石英、符山石、透辉石—钙铁辉石、绿帘石、石榴石、白云母、绢云母、长石、方解石、萤石、磷灰石等。矿石中有用元素主要有钨，此外含硫、铜、铋、钼、锌、锡等，钨是矿石中主要的回收对象，而硫、铜、铋等具有一定的综合利用价值，可以考虑综合回收。

矿石结构较复杂，自形—它形粒状结晶结构为主要矿石结构类型，自形—半自形粒状结晶结构、交代溶蚀结构较为常见，包含结构、交代残余结构、乳滴状结构较为少见。矿石构造主要有星散浸染状、稀疏浸染状、浸染状及稠密浸染状，系由白钨矿、黄铜矿、黄铁矿及其他硫化物的集合体浸染于脉石矿物中而构成。细脉状构造较为常见。

矿床主要矿石类型有矽卡岩型矿石、蚀变千枚岩—角闪云母片岩型矿石、石英脉型矿石和花岗岩型矿石。

（四）成矿模式

小柳沟矿区矿床成因主要为复控型矿床。即火山喷流沉积形成含钨建造的矿源层，后期岩浆热液多次改造叠加（加里东中期）。

元古代构造的主要特征是克拉通内部的裂谷带或盆地构造运动，具有长期活动的过程，裂谷活动伴随着火山岩活动，易发生壳幔拆离，地幔在拆离后发生俯冲，导致地壳下沉，形成裂谷，地幔的上涌在盆地中发生广泛的火山活动，带来成矿物质，成为重要的矿源层。朱龙关裂谷在晚元古代封闭，并发生褶皱回返和造山运动，形成元古代裂谷带发展的构造旋回。

到了奥陶纪（加里东中晚期），由于板块向北的俯冲作用，导致钙碱性中酸性岩浆的侵入，发生与铜、钼、钨紧密相关的岩浆活动。在岩浆侵入的早期热液沿构造薄弱地段及层间裂隙上涌侵位，与含钨的高钙矿源层朱龙关群地层发生接触交代，形成矽卡岩型钨矿；在富含铜、钼的岩浆晚期岩浆热液再次沿构造裂隙上涌，在岩体上覆地层以及早期的岩体中形成石英脉型铜钼矿体，同时对早期岩体中的钼矿化进行活化、迁移，重新富集成矿，构造薄弱部位形成小团块状、细脉状的钼矿化。

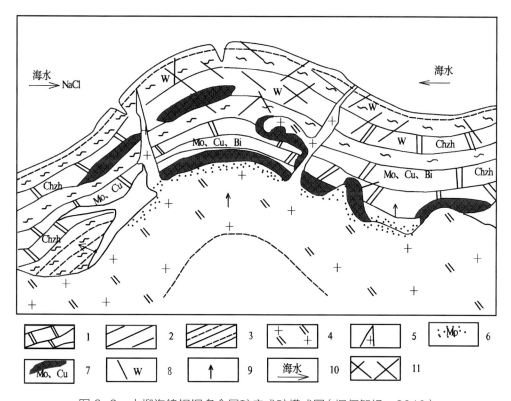

图 6-2 小柳沟钨钼铜多金属矿床成矿模式图（据何智祖，2010）

1- 矽卡岩、矽卡岩化灰岩；2- 角闪云母片岩；3- 绢云母千枚岩；4- 二长花岗岩；5- 二长花岗岩、斜长花岗岩脉；6-*Mo* 矿化；7- *W*、*Mo*、*Cu*、*Bi* 矿（化）体；8- 石英脉型 *W* 矿（化）体；9- 岩浆热液运移方向；10- 海水溶液；11- 石英脉；12- 长城系朱龙关群。

（五）标本采集简述

小柳沟钨矿区共采集岩矿石标本 8 块（表 6-1）。其中矿石标本 5 块，岩石标本 3 块，矿石标本岩性为绿色透辉石阳起石矽卡岩型黄铜矿白钨矿矿石、灰色石英岩脉型白钨矿辉钼矿矿石、灰色含萤石透辉石矽卡岩型辉钼矿白钨矿矿石、石英岩脉型白钨矿黄铜矿矿石、透辉石透闪石矽卡岩型辉钼矿白钨矿矿石；岩石标本岩性为灰色绢云母千枚岩、灰绿色变辉绿岩、灰色黄铁矿化透闪石绢云母千枚岩。本次采集的标本基本覆盖了小柳沟钨矿不同类型的矿石、岩石及围岩，较全面地反映了祁连地区岩浆热液型钨矿的地质特征。

表6-1 小柳沟钨矿采集典型标本

序号	标本编号	标本岩性	标本类型	薄片编号	光片编号
1	XlgB-1	灰色绢云母千枚岩	围岩	Xlgb-1	
2	XlgB-2	灰绿色变辉绿岩	围岩	Xlgb-2	
3	XlgB-3	绿色透辉石阳起石矽卡岩型黄铜矿白钨矿矿石	矿石	Xlgb-3	Xlgg-1
4	XlgB-4	灰色石英岩脉型白钨矿辉钼矿矿石	矿石	Xlgb-4	Xlgg-2
5	XlgB-5	灰色含萤石透辉石矽卡岩型辉钼矿白钨矿矿石	矿石	Xlgb-5	Xlgg-3
6	XlgB-6	灰色黄铁矿化透闪石绢云母千枚岩	围岩	Xlgb-6	
7	XlgB-7	石英岩脉型白钨矿黄铜矿矿石	矿石	Xlgb-7	Xlgg-4
8	XlgB-8	透辉石透闪石矽卡岩型辉钼矿白钨矿矿石	矿石	Xlgb-8	Xlgg-5

（六）岩矿石光薄片图版及说明

照片6-1 XlgB-1

灰色绢云母千枚岩：微鳞片粒状变晶结构，条带状构造，千枚状构造。岩石由变晶矿物石英、绢云母和含铁碳酸盐岩矿物集合体（照片6-1中褐色部分）等组成，矿物的长轴和集合体的长轴明显定向，构成该岩石的主期面理千枚理，千枚理与成分条带一致。由于粒状矿物的含量高，岩石沿千枚理的可劈性较差。

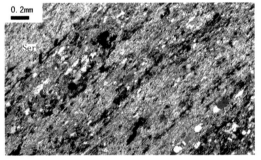

照片6-2 Xlgb-1

绢云母千枚岩：微鳞片粒状变晶结构，条带状构造，千枚状构造。岩石由变晶矿物石英（Q 37%）、绢云母（Ser 50%）和含铁碳酸盐岩矿物集合体（照片6-2中褐色部分）等组成，石英多近等轴粒状和糖粒状，大部分绢云母构成致密状集合体，各类组分分布不均匀，具0.1~1.0mm宽的成分差异渐变条带，千枚理与成分条带一致。（正交）

照片 6-3　XlgB-2

灰绿色变辉绿岩：变余辉绿结构，块状构造。主要由斜长石、暗色矿物和金属矿物等组成。暗色矿物完全被阳起石、绿帘石和黑云母集合体代替。

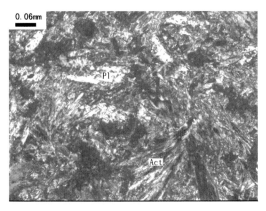

照片 6-4-1　Xlgb-2（正交）

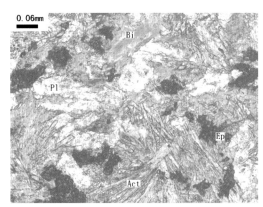

照片 6-4-2　Xlgb-2（单偏光）

变辉绿岩：变余辉绿结构，块状构造。原生矿物斜长石（Pl 40%）和次生矿物阳起石（Act 41%）、绿帘石（Ep 10%）、黑云母（Bi 8%）等为现岩石主要组分。斜长石以长宽比值大于 3:1 的长板条状为主，具卡式和双晶纹较宽的聚片双晶，大部分晶体杂乱分布构成近三角形空隙，其他组分充填在其中，具典型的变余辉绿结构（照片 6-4-1）。次生矿物阳起石为浅绿色，具杆状和粒状晶形，常构成束状和放射状集合体（照片 6-4-2）；绿帘石为高正突起的微粒状集合体；黑云母为红褐色集合体。

照片 6-5 XlgB-3

绿色透辉石阳起石矽卡岩型黄铜矿白钨矿矿石：杆柱状、纤维状变晶结构，渐变团块状构造。岩石由金属矿物和脉石矿物两部分组成，金属矿物为微量的黄铜矿和白钨矿。黄铜矿一般分布在脉石矿物的晶体粒间和解理缝中，受分布空间的限制多为粒径细小的粒状和短柱状；脉石矿物为简单的透辉石和阳起石。

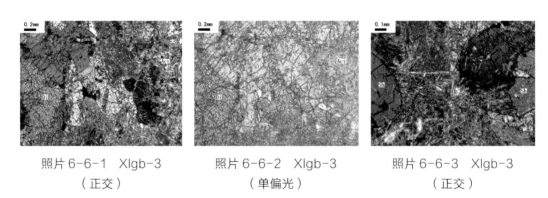

照片 6-6-1 Xlgb-3   照片 6-6-2 Xlgb-3   照片 6-6-3 Xlgb-3
（正交）   （单偏光）   （正交）

透辉石阳起石矽卡岩型黄铜矿白钨矿矿石：短柱状、杆状、纤微状变晶结构，渐变团块状构造。脉石矿物为透辉石（Di 45%）和阳起石（Act 52%）。透辉石为较自形的短柱状，横断面近多边形，长轴 0.2~1.8mm，干涉色较鲜艳（照片 6-6-1）；浅绿色阳起石具粒状、杆状和纤微状晶形，长轴 0.03~1.0mm，杆状晶体常构成束状集合体，纤微状晶体为放射状集合体或为致密的毛毡状集合体。透辉石和阳起石相互富集成成分差异的渐变团块（照片 6-6-2）。白钨矿（Sn）在透射光下显正极高突起，一级橙红干涉色（照片 6-6-3）。

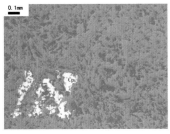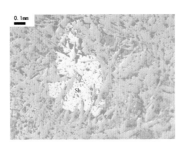

照片 6-7-1　Xlgg-1
（Xlgb-3）

照片 6-7-2　Xlgg-1
（Xlgb-3）

照片 6-7-3　Xlgg-1
（Xlgb-3）

透辉石阳起石矽卡岩型黄铜矿白钨矿矿石：粒状结构，不均匀浸染—断续微脉状构造。金属矿物为微量的黄铜矿（*Cp*）和白钨矿（*Sh* 2%）。黄铜矿一般分布在脉石矿物的晶体粒间和解理缝中，受分布空间的限制多为粒径细小的粒状和短柱状（照片 6-7-1），粒径 0.01~0.15*mm*。白钨矿具灰色反射色，多为半自形—它形粒状，部分晶体略显菱形切面轮廓（照片 6-7-2），粒径以 0.05~0.7*mm* 为主，大部分晶体富集成 0.15~1.0*mm* 宽的断续脉状（照片 6-7-3）。（单偏光）

照片 6-8　XlgB-4

灰色石英脉型白钨矿辉钼矿矿石：粒状、板条状结构，近块状构造。岩石由金属矿物和脉石矿物两部分组成，金属矿物以鳞片状辉钼矿（3%）为主，有微量白钨矿和黄铁矿；脉石矿物以石英（95%）为主，有微量白云母。

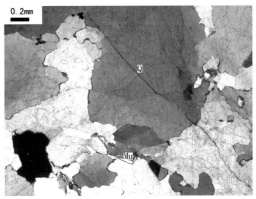

照片 6-9　Xlgb-4

石英脉型白钨矿辉钼矿矿石：粒状、板条状结构，近块状构造。脉石矿物以石英（*Q* 95%）为主，有微量白云母（*Mu*）。石英多为近等轴粒状和它形粒状，有少量板条状和马牙状，长轴 0.5~8.0*mm*，轻微波带状和云团状消光，大小不等、形态不同的石英晶体常彼此紧密镶嵌，接触面从平直到凹凸状均有，长轴略显定向。（正交）

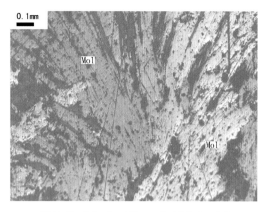

照片 6-10-1　XIgg-2（XIgb-4）

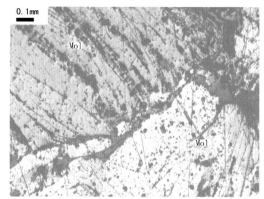

照片 6-10-2　XIgg-2（XIgb-4）

照片 6-10-3　XIgg-2（XIgb-4）

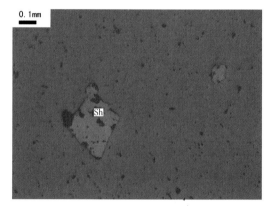

照片 6-10-4　XIgg-2（XIgb-4）

石英脉型白钨矿辉钼矿矿石：粒状、鳞片状结构，团块状—不连续脉状构造。金属矿物以鳞片状辉钼矿（Mol 3%）为主，有微量白钨矿（Sh）和黄铁矿（Py）。辉钼矿为长轴介于 0.05~3.0mm 的鳞片状，多富集成放射状集合体（照片 6-10-1），部分集合体近束状，大部分晶体明显弯曲，具灰白—灰带淡蓝反射多色性（照片 6-10-2）。粒径在 0.05~0.45mm 的半自形粒状黄铁矿多与辉钼矿紧密伴生（照片 6-10-3）。白钨矿以自形—半自形粒状为主，切面近菱形，粒径多在 0.1~0.5mm，大部分晶体在空间以上串珠状定向分布（照片 6-10-4）。（单偏光）

照片 6-11　XlgB-5

灰色含萤石透辉石矽卡岩型辉钼矿白钨矿矿石：柱粒状变晶结构，近块状构造。岩石由金属矿物和脉石矿物两部分组成，金属矿物包括辉钼矿、白钨矿、黄铜矿和黄铁矿等，含量较低。黄铁矿从自形粒状到它形粒状均有，辉钼矿多分布在部分脉石矿物的晶体粒间或解理缝中；脉石矿物以透辉石（92%）为主，含少量萤石（3%）。

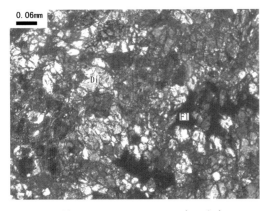

照片 6-12-1　Xlgb-5（正交）

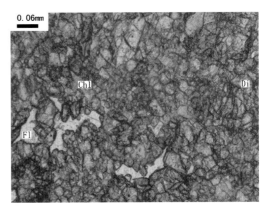

照片 6-12-2　Xlgb-5（单偏光）

含萤石透辉石矽卡岩型辉钼矿白钨矿矿石：柱粒状变晶结构，近块状构造。脉石矿物以透辉石（Di 92%）为主，含少量萤石（Fl 3%）。透辉石为自形程度差异的短柱状，横断面近多边形或具多边形轮廓，长轴 0.03~0.6mm，沿部分晶体的边缘和解理缝微绿泥石（Chl）化，大小不等的透辉石彼此紧密镶嵌，长轴微显定向（照片 6-12-1）。萤石完全分布在透辉石的空隙中（照片 6-12-2），均为 0.04~0.6mm 的不规则粒状。依据萤石的晶形和分布，该矿石的岩石类型应属复杂矽卡岩，萤石的形成明显晚于透辉石。

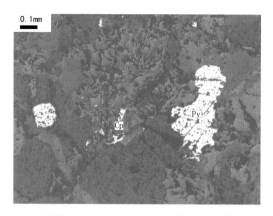

照片 6-13-1　Xlgg-3（Xlgb-5）

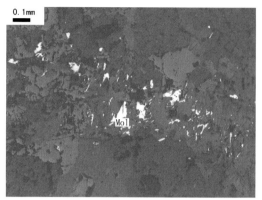

照片 6-13-2　Xlgg-3（Xlgb-5）

照片 6-13-3　Xlgg-3（Xlgb-5）

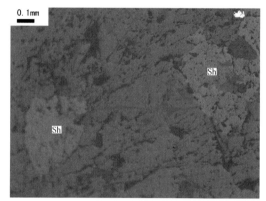

照片 6-13-4　Xlgg-3（Xlgb-5）

　　含萤石透辉石矽卡岩型辉钼矿白钨矿矿石：鳞片状、粒状结构，包含结构，不均匀浸染状构造。金属矿物包括辉钼矿（Mol）、白钨矿（Sh）、黄铜矿（Cp）和黄铁矿（Py.）等。黄铁矿微自形程度不同的粒状（照片 6-13-1），自形晶体具规则的多边形切面，粒径 0.1~0.8mm，呈多单晶体状分布，局部呈团块状。辉钼矿多分布在部分脉石矿物的晶体粒间或解理缝中（照片 6-13-2），个别晶体被黄铁矿包裹（照片 6-13-3），现为 0.015~0.1mm 的微鳞片。黄铜矿为粒径在 0.015~0.08mm 的它形粒状。白钨矿以半自形粒状为主，切面多为不完整的近菱形或菱柱形（照片 6-13-4），粒径 0.2~0.6mm。辉钼矿、黄铜矿和白钨矿在矿石的局部相对富集。（单偏光）

照片 6-14 XlgB-6

　　灰色含萤石透辉石矽卡岩型辉钼矿白钨矿矿石：柱粒状变晶结构，近块状构造。岩石由金属矿物和脉石矿物两部分组成，金属矿物包括辉钼矿、白钨矿、黄铜矿和黄铁矿等，含量较低。黄铁矿从自形粒状到它形粒状均有，辉钼矿多分布在部分脉石矿物的晶体粒间或解理缝中；脉石矿物以透辉石（92%）为主，含少量萤石（3%）。

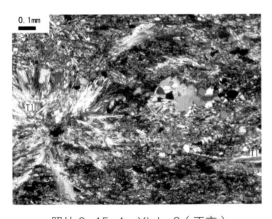

照片 6-15-1 Xlgb-6（正交）

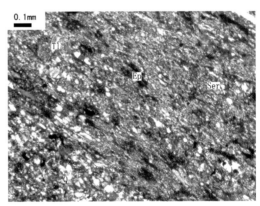

照片 6-15-2 Xlgb-6（正交）

　　黄铁矿化透闪石绢云母千枚岩：鳞片状、杆状、粒状变晶结构，变斑晶结构，条带状构造，千枚状构造。定向分布的透闪石（Tl 25%）、石英（Q 30%）、绢云母（Ser 30%）和绿帘石（Ep 10%）等为主要组分。石英以近等轴粒状和糖粒状为主；绢云母常构成致密状集合体；绿帘石为高正突起的微粒状集合体；透闪石为粒状、杆状和纤维状，长轴介于 0.02~0.6mm，部分晶体形成放射状集合体（照片 6-15-1）。岩石具成分差异的渐变条带，该条带与岩石的千枚理一致（照片 6-15-2）。部分粒状和杆状透闪石属粒径明显粗大的变斑晶，部分变斑晶切割千枚理，应属主变形期后的产物。

照片 6-16　XlgB-7

　　石英脉型白钨矿黄铜矿矿石：板条状、粒状结构，近块状构造。岩石由金属矿物和脉石矿物两部分组成，金属矿物包括黄铜矿和微量白钨矿、黄铁矿、闪锌矿等。黄铜矿以半自形—它形粒状为主。闪锌矿不规则粒状；脉石矿物包括石英和微量白云母。结合标本观察石英多为近等轴粒状和板条状，粒径普遍 > 15mm。白云母为规则的长条状，常被石英包裹。

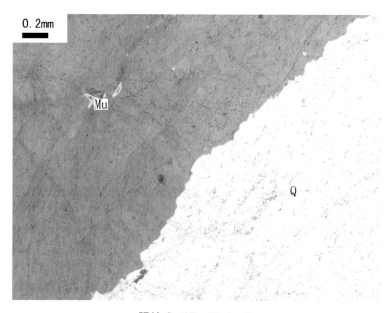

照片 6-17　Xlgb-7

　　石英脉型白钨矿黄铜矿矿石：板条状、粒状结构，近块状构造。脉石矿物包括石英（Q 89%）和微量白云母（Mu）。结合标本观察石英多为近等轴粒状和板条状，粒径普遍 > 15mm，呈轻微波带状和云团状消光，彼此的接触面多凹凸不平。白云母为规则的长条状，常被石英包裹。（正交）

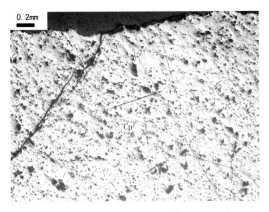

照片 6-18-1　Xlgg-4（Xlgb-7）

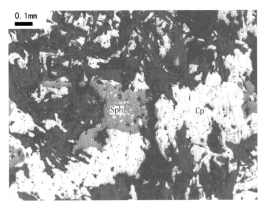

照片 6-18-2　Xlgg-4（Xlgb-7）

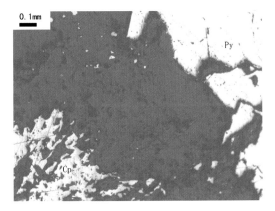

照片 6-18-3　Xlgg-4（Xlgb-7）

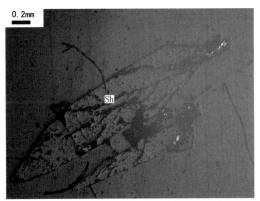

照片 6-18-4　Xlgg-4（Xlgb-7）

　　石英脉型白钨矿黄铜矿矿石：粒状结构，包含结构，团块状构造。金属矿物为黄铜矿（Cp 9%）、白钨矿（Sh）、黄铁矿（Py）和闪锌矿（Sph）等。黄铜矿为半自形—它形粒状，大部分晶体聚集成 2~20mm 大小且边缘截然的致密状团块（照片 6-18-1）。闪锌矿为 0.1~1.0mm 的不规则粒状，晶体内具乳滴状黄铜矿固溶体分离物（照片 6-18-2），大部分闪锌矿被黄铜矿不同程度的包裹。黄铁矿多以 1~3mm 宽的断续脉状围绕在黄铜矿团块的边缘，并包含微粒状黄铜矿（照片 6-18-3）。白钨矿多为棱边平直的自形粒状，切面为规则的菱柱形（照片 6-18-4），粒径以 0.1~2.0mm 为主，多以单晶体状近定向分布。（单偏光）

照片 6-19　XlgB-8

　　透辉石透闪石矽卡岩型辉钼矿白钨矿矿石：柱粒状、纤维状变晶结构，渐变条带状构造。岩石由金属矿物和脉石矿物两部分组成。金属矿物有辉钼矿、白钨矿、黄铜矿和黄铁矿等；脉石矿物包括透辉石、透闪石和绢云母化的斜长石等。

照片 6-20　Xlgb-8

　　透辉石透闪石矽卡岩型辉钼矿白钨矿矿石：柱粒状、纤维状变晶结构，渐变条带状构造。脉石矿物为透辉石（Di 20%）、透闪石（Tl 45%）和强绢云母（Ser）化的斜长石等。透辉石为短柱状，横断面具多边形轮廓。透闪石杆状和纤维状，杆状晶体具竹节状解理，纤维状晶体的长轴以 0.02~0.2mm 为主，多为放射状集合体，少量为致密的毛毡状集合体。斜长石基本完全被绢云母集合体代替，在斜长石的高含量区由于绢云母相互衔接，故单晶体的轮廓往往不清。矿石具成分差异的渐变条带，该条带呈横向渐变，部分晶体的长轴平行该条带略显定向。（正交）

照片 6-21-1　Xlgg-5（Xlgb-8）

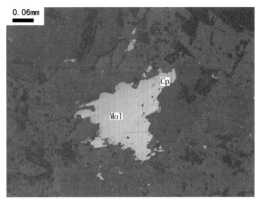

照片 6-21-2　Xlgg-5（Xlgb-8）

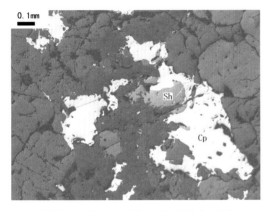

照片 6-21-3　Xlgg-5（Xlgb-8）

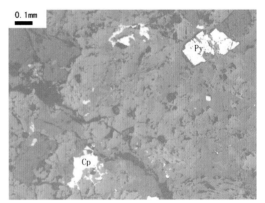

照片 6-21-4　Xlgg-5（Xlgb-8）

透辉石透闪石矽卡岩型辉钼矿白钨矿矿石：粒状结构，共结边结构，不均匀团块状构造。金属矿物有辉钼矿（Mol）、白钨矿（Sh）、黄铜矿（CP）和黄铁矿（Py）等。白钨矿多为半自形—它形粒状，部分晶体具近菱形切面轮廓（照片 6-21-1），粒径 0.1~0.5mm，多单晶体状分散分布，部分呈团块。辉钼矿均为 0.015~0.1mm 的微鳞片（照片 6-21-2），可包含浑圆状的微粒状黄铜矿。黄铜矿为半自形—它形粒状，粒径 0.02~0.8mm，有的晶体包裹白钨矿或与白钨矿具平直共结边（照片 6-21-3）。黄铁矿的自形程度不同（照片 6-21-4），粒径 0.03~0.7mm，部分晶体具脆性裂纹。黄铁矿和黄铜矿在矿石中基本均匀分布，白钨矿和微量辉钼矿主要分布在矿石的局部。

二、斑岩型中温热液充填型钼矿—武山县温泉钼矿

（一）成矿地质背景

武山温泉钼矿床产出于北秦岭加里东褶皱带西段，北部以武山—天水—宝鸡深大断裂与祁连褶皱为邻，南部以武山—娘娘坝深大断裂与中秦岭海西褶皱带为界。该区地质构造作用复杂，岩浆活动频繁强烈。

矿区内出露的地层主要为下古生界李子园群，矿区大部分被第四系覆盖，仅在沟谷中出露斑状二长花岗岩和少量花岗斑岩。

矿区构造以近南北向断裂为主，主要有陈家大湾断裂和中坝—耍子沟—焦家沟断裂，两断裂的旁侧发育有较密集的次级断裂及破碎带，走向近南北向，西倾，倾角60°左右，次生断裂发育活动于印支期，在燕山期追踪复活。为该区的主要成矿构造，既导矿，又容矿。含矿岩体中原生节理发育，主要有3组，一组产状为80°~95°∠60°；第二组产状为105°∠70°；第三组产状为310°∠80°，其中以第一组节理最为发育，含辉钼矿的石英细脉主要充填于其内（图6-3）。

围岩蚀变主要有硅化，其次有红色泥化、浊沸石化、绢云母化、高岭土化、碳酸盐化、绿泥石化、孔雀石化。

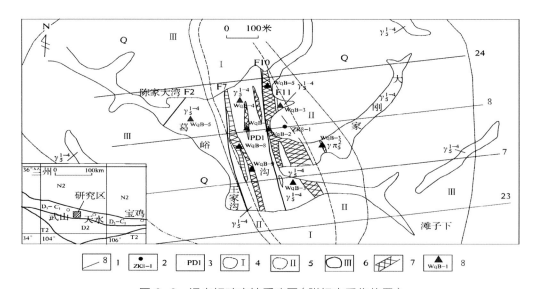

图6-3　温泉钼矿床地质略图（附标本采集位置）

Q- 第四纪残坡积物及黄土；γ51-4- 印支期似斑状黑云母二长花岗岩；γπ52- 燕山期花岗岩。

1- 勘探线及编号；2- 钻孔及编号；3- 坑道及编号；4- 砖红色浊沸石化蚀变带；5- 强硅化蚀变带；6- 弱硅化蚀变带；7- 矿（化）体；8- 标本采集位置及编号。

（二）矿体特征

矿体主要产于燕山期花岗斑岩外围的印支期似斑状黑云母二长花岗岩中，少量分布于斑岩体内，共圈出矿（化）体 40 条，达最低工业品位以上矿体 23 条，目前已经控制主矿体范围近 $0.3km^2$，南北长近 800m，东西宽 400m。

钼矿体主要充填于各向原生节理、裂隙中相互平行或网状含钼石英细脉，含钼石英细脉呈烟灰色，宽 1~5mm，含钼石英细脉为同期产物，矿化不均匀，辉钼矿呈薄膜状，小团块状分布于石英脉的两壁，围岩中有星点状辉钼矿。

（三）矿石特征

矿石金属矿物主要有辉钼矿和黄铁矿，有少量黄铜矿和磁铁矿，极少量的磁黄铁矿、闪锌矿、白钨矿、斑铜矿、黝铜矿、毒砂、方铅矿等。脉石矿物主要有石英、钾长石、斜长石，少量黑云母、浊沸石、角闪石、方解石、绢云母、高岭石、绿泥石、榍石、磷灰石等。

矿石结构构造有鳞片状结构、斑点状结构、不等粒结构，细脉状构造、细脉浸染状构造、星散浸染状构造。

矿石自然类型有两种，即似斑状二长花岗岩石英细脉型、沸石化蚀变花岗斑岩裂隙型。

（四）成矿模式

在岩浆作用期后，与岩浆有关的含矿热液在构造作用下，沿有利的断裂构造通道（通道往往位于不同岩体接触部位和岩脉活动频繁的部位）上升，随着物化条件的改变，在断裂带两侧围岩节理中尤其是断裂带上盘围岩节理中充填沉淀。在此期间，由于岩石静压力和静水压力的更替，使围岩发生破裂或节理张合，含矿热液脉动沉淀，形成了相互交错的含矿石英网脉。

成矿模式图见图 6-4。

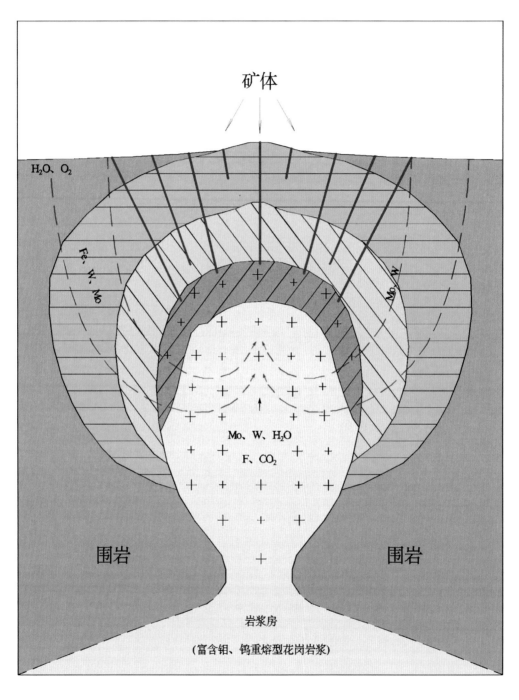

图 6-4　温泉钼矿床矿床成矿模式图（据余超等，2013）

1- 花岗斑岩或斑状花岗岩；2- 绢英岩化带；3- 成矿流体运移方向；4- 钾化带；5- 青盘岩化带。

（五）标本采集简述

温泉钼矿区共采集岩矿石标本 10 块（表 6-2）。其中矿石标本 2 块，岩石标本 8 块，矿石标本岩性为少斑状中细粒黑云二长花岗岩石英细脉型辉钼矿矿石、斑状中细粒黑云二长花岗岩石英细脉型辉钼矿矿石；岩石标本岩性为肉红色斑状中细粒黑云二长花岗岩、灰色少斑状细粒黑云二长花岗岩、灰色含斑细粒含黑云二长花岗岩、浅灰色微碎裂岩化石英岩、灰色黑云母石英片岩、灰色黑云母长英质糜棱片岩、浅灰色含黑云母石英片岩、浅灰色含黑云母石英岩。本次采集的标本基本覆盖了温泉钼矿不同类型的矿石、岩石及围岩，较全面地反映了秦岭地区斑岩型中温热液充填型钼矿的地质特征。

表 6-2　武山县温泉钼矿采集岩、矿石标本情况

序号	标本编号	标本岩性	标本类型	薄片编号	光片编号
1	WqB-1	少斑状中细粒黑云二长花岗岩石英细脉型辉钼矿矿石	矿石	Wqb-1	Wqg-1
2	WqB-2	斑状中细粒黑云二长花岗岩石英细脉型辉钼矿矿石	矿石	Wqb-2	Wqg-2
3	WqB-3	肉红色斑状中细粒黑云二长花岗岩	岩石	Wqb-3	
4	WqB-4	灰色少斑状细粒黑云二长花岗岩	岩石	Wqb-4	
5	WqB-5	灰色含斑细粒含黑云二长花岗岩	岩石	Wqb-5	
6	WqB-6	浅灰色微碎裂岩化石英岩	围岩	Wqb-6	
7	WqB-7	灰色黑云母石英片岩	围岩	Wqb-7	
8	WqB-8	灰色黑云母长英质糜棱片岩	围岩	Wqb-8	
9	WqB-9	浅灰色含黑云母石英岩	围岩	Wqb-9	
10	WqB-10	浅灰色含黑云母石英片岩	围岩	Wqb-10	

（六）岩矿石光薄片图版及说明

照片 6-22　WqB-1

少斑状中细粒黑云二长花岗岩石英细脉型辉钼矿矿石：深灰色，似斑状结构，基质花岗结构，块状构造。岩石由斑晶和基质两部分组成，斑晶为钾长石，含量约5%。基质包括石英（25%）、斜长石（30%）、钾长石（35%）和黑云母（5%）等，粒径多在0.5~3.0mm。金属矿物为微量的辉钼矿（M）、黄铁矿和黄铜矿等，金属矿物的分布完全受石英脉体的规模和展布限制。

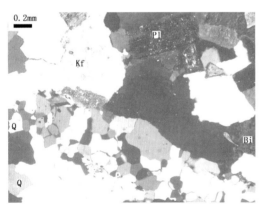

照片 6-23-1　Wqb-1　　　　　　　　照片 6-23-2　Wqb-1

少斑状中细粒黑云二长花岗岩石英细脉型辉钼矿矿石：似斑状结构，基质花岗结构，块状构造。斑晶钾长石（Kf 8%）（照片6-23-1左上）为宽板状和短柱状，长轴在10~30mm，具点滴状和细脉状条纹构造，晶体边缘常和基质矿物穿插生长。基质包括石英（Q）、斜长石（Pl）、钾长石（Kf）和黑云母（Bi）等，粒径0.5~3.0mm，斜长石有程度不一的绢—白云母和黏土状化，部分晶体晶面较脏；石英为它形粒状，黑云母鳞片微弯曲（照片6-23-2）。（照片6-23-1）中心近西北—东南向为矿化的石英（Q）脉体，脉体石英具近等轴粒状、糖粒状和马牙状等形态，粒径在0.1~0.8mm，脉体与花岗岩显微渐变。（正交）

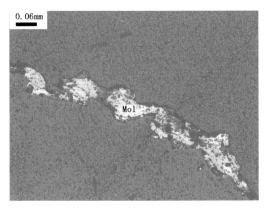

照片 6-24-1　Wqg-1（Wqb-1）

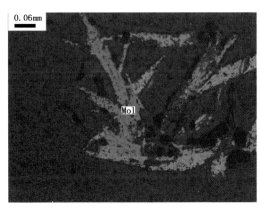

照片 6-24-2　Wqg-1（Wqb-1）

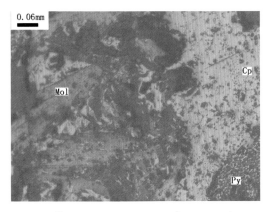

照片 6-24-3　Wqg-1（Wqb-1）

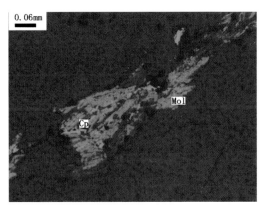

照片 6-24-4　Wqg-1（Wqb-1）

　　少斑状中细粒黑云二长花岗岩石英细脉型辉钼矿矿石：鳞片、粒状晶结构，包含结构，断续微脉状构造。金属矿物为辉钼矿（Mol）、黄铁矿（Py）和黄铜矿（Cp）等，分布完全受石英脉体的规模限制。辉钼矿具灰白—灰带淡蓝反射多色性、白—褐黄灰偏光色，为长轴在 $0.02\sim0.5mm$ 的鳞片状，多为断续脉状集合体（照片 6-24-1），部分集合体近树枝状（照片 6-24-2），晶体微弯曲。黄铁矿从自形粒状到它形粒状均有，粒径在 $0.3\sim1.0mm$。黄铜矿为它形粒状，粒径介于 $0.02\sim1.2mm$。大部分的黄铁矿、黄铜矿和辉钼矿紧密伴生，黄铜矿明显包裹黄铁矿（照片 6-24-3），部分细小的黄铜矿定向分布在辉钼矿的晶体粒间（照片 6-24-4）。金属矿物的大致生成顺序为：黄铁矿→辉钼矿→黄铜矿。（单偏光）

照片 6-25　WqB-2

斑状中细粒黑云二长花岗岩石英细脉型辉钼矿矿石：肉红色，似斑状结构，基质花岗结构，块状构造。斑晶为钾长石，基质矿物主要为石英（25%）、斜长石（30%）、钾长石（35%）和黑云母（5%）等，粒径以 0.5~3.2mm 为主。岩石中有石英脉穿插，脉宽约 2~3cm，脉中含金属矿物以辉钼矿（1%）为主，有微量黄铜矿等。辉钼矿呈大小不等的鳞片状。

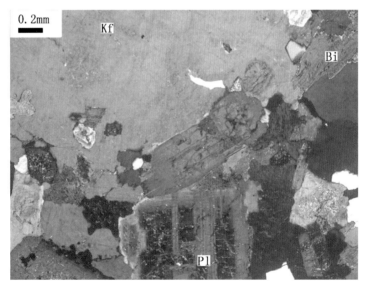

照片 6-26　Wqb-2

斑状中细粒黑云二长花岗岩石英细脉型辉钼矿矿石：似斑状结构，基质花岗结构，块状构造。单一的斑晶钾长石（Kf 12%）（照片 6-26 左上）为宽板状和短柱状，长轴在 10~25mm，具点滴状和细脉状条纹构造，属微斜条纹长石，包裹细粒斜长石和黑云母。基质主要为石英（Q）、斜长石（Pl）、钾长石（Kf）和黑云母（Bi）等，粒径以 0.5~3.2mm 为主，斜长石具卡式和聚片双晶，部分晶体具正环带，晶体中心的绢—白云母化强于边缘；石英以它形粒状为主。（正交）

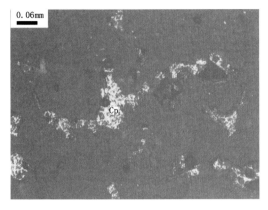

照片 6-27-1　Wqg-2（Wqb-2）

照片 6-27-2　Wqg-2（Wqb-2）

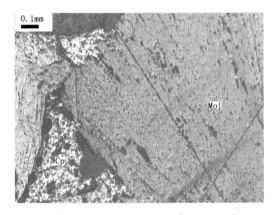

照片 6-27-3　Wqg-2（Wqb-2）

照片 6-27-4　Wqg-2（Wqb-2）

斑状中细粒黑云二长花岗岩石英细脉型辉钼矿矿石：鳞片、粒状晶结构，束状结构，断续微脉状构造。金属矿物以辉钼矿（Mol 1%）为主，有微量黄铜矿（Cp），大部分金属矿物的分布受限于石英脉体。黄铜矿均为它形粒状（照片 6-27-1），多分散分布在辉钼矿的晶体空隙中，粒径 0.02~2.0mm。辉钼矿为大小不等的鳞片状，有的晶体近板状，长轴 0.02~5.0mm。大小不等的辉钼矿构成形态差异的集合体（照片 6-27-2），部分集合体近束状（照片 6-27-3），有的晶体明显弯曲，构成似紧闭褶皱（照片 6-27-4）。（单偏光）

照片6-28　WqB-3

肉红色斑状中细粒黑云二长花岗岩：肉红色，似斑状结构，基质花岗结构，块状构造。斑晶为钾长石，含量约15%，具宽板状和短柱状的形态或轮廓，长轴10~30mm，轻微黏土化和硅化，基质以石英（24%）、斜长石（40%）、钾长石（30%）和黑云母（5%）为主，粒径在0.4~3.0mm，斜长石呈轻微绢—白云母和黏土状化；个别黑云母轻微绿泥石化。

照片6-29　Wqb-3

斑状中细粒黑云二长花岗岩：似斑状结构，基质花岗结构，块状构造。斑晶钾长石（Kf 15%）（照片6-29右上角）具宽板状和短柱状的形态或轮廓，长轴10~30mm，属微斜条纹长石，轻微黏土化和硅化，部分晶体的边缘形成串珠状的穿孔硅化石英（Q）。基质以石英（Q）、斜长石（Pl）、钾长石（Kf）和黑云母（Bi）为主，粒径0.4~3.0mm，斜长石轻微绢—白云母和黏土状化，不同的晶体和同一晶体的不同部位蚀变程度不同；个别黑云母呈轻微绿泥石化。（正交）

照片6-30　WqB-4

少斑细粒黑云二长花岗岩：肉红色，似斑状结构，基质花岗结构，块状构造。斑晶为钾长石，含量约8%，为宽板条状和短柱状，长轴8~25mm，轻微粘土化和硅化。基质矿物以石英（25%）、斜长石（33%）、钾长石（36%）和黑云母（5%）为主，粒径在0.2~2.0mm，斜长石的棱边多平直，不同程度的绢—白云母和粘土化。

照片6-31　Wqb-4

少斑状细粒黑云二长花岗岩：似斑状结构，基质花岗结构，块状构造。斑晶钾长石（Kf 8%）（照片6-31左侧）为宽板条状和短柱状，长轴8~25mm，属微斜条纹长石，轻微黏土化和硅化。基质以石英（Q）、斜长石（Pl）、钾长石（Kf）和黑云母（Bi）为主，粒径0.2~2.0mm，斜长石的棱边多平直，具卡式和双晶纹细密的聚片双晶，正环带普遍发育，有不同程度的绢—白云母和黏土化，部分晶体的蚀变程度具环带状。（正交）

照片 6-32　WqB-5

含斑细粒含黑云二长花岗岩：浅灰色，似斑状结构，基质花岗结构，块状构造。斑晶为钾长石和石英，含量仅4%左右，长轴3~5mm，斑晶矿物的边缘常和基质矿物穿插生长，具特征的似斑状结构。基质矿物主要为石英（25%）、斜长石（30%）、钾长石（38%）和黑云母（4%）等，粒径在0.15~1.0mm，斜长石较自形，有不同程度的绢—白云母和黏土化；石英近等轴粒状和它形粒状。

照片 6-33　Wqb-5

含斑细粒含黑云二长花岗岩：似斑状结构，基质花岗结构，块状构造。粒径明显粗大的斑晶钾长石（Kf）和石英（Q）含量仅4%左右，长轴3~5mm，斑晶矿物的边缘常和基质矿物穿插生长，具特征的似斑状结构。基质矿物主要为石英（Q）、斜长石（Pl）、钾长石（Kf）和黑云母（Bi）等，粒径在0.15~1.0mm，斜长石较自形，有不同程度的绢—白云母和黏土化；石英近等轴粒状和它形粒状，轻微波状消光。（正交）

照片 6-34　WqB-6

微碎裂岩化石英岩：浅灰色，碎裂结构，粒状结构，块状构造。岩石中纵横交错的微裂隙将岩石切割成大小不等的尖棱角状碎块，裂隙的两侧基本无位移。岩石成分主要为石英，从近等轴粒状到它形粒状均有，粒径主要在0.2~3.0mm，大小不等的石英彼此紧密镶嵌，长轴无定向。

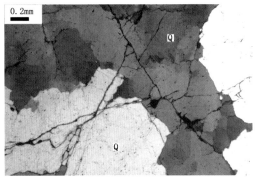

照片 6-35　Wqb-6

微碎裂岩化石英岩：碎裂结构，粒状结构，块状构造。岩石中纵横交错的微裂隙将岩石切割成大小不等的尖棱角状碎块，裂隙的两侧基本无位移。单一的石英（Q）从近等轴粒状到它形粒状均有，粒径主要在0.2~3.0mm，大小不等的石英彼此紧密镶嵌，长轴无定向。（正交）

照片 6-36　WqB-7

　　黑云母石英片岩：浅灰色，鳞片粒状变晶结构，片状构造。岩石由石英（60%）、黑云母
（35%）、斜长石和钾长石等组成。黑云母鳞片自形，晶体粗大者受力微斜列和弯曲。石英从棱边
平直的近等轴粒状、糖粒状、矩形长条状到它形粒状均有，各类组分在岩石中基本均匀分布，总
体具稳定共生结构，同时晶体的长轴具明显的定向性。

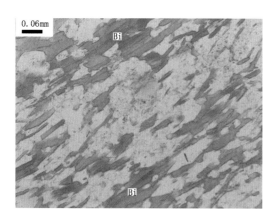

照片 6-37-1　Wqb-7（单偏光）

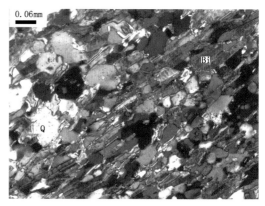

照片 6-37-1　Wqb-7（正交）

　　黑云母石英片岩：鳞片粒状变晶结构，片状构造。组分为石英（Q 60%）、黑云母（Bi
35%）、斜长石和钾长石等。黑云母（Bi）鳞片自形，晶体的两端较规则，切面近长方形，长轴
0.04~0.8mm，具褐—淡黄绿色（照片 6-37-1），晶体粗大者微斜列。石英从棱边平直的近等轴
粒状、糖粒状、矩形长条状到它形粒状均有，粒径以 0.02~0.3mm 为主，包裹微鳞片状黑云母。
各类组分基本均匀分布，总体稳定共生，长轴具明显的定向（照片 6-37-2）。

照片 6-38 WqB-8

黑云母长英质糜棱片岩：灰色，糜棱结构，片状构造。岩石由碎斑和新生矿物组成。碎斑包括斜长石、钾长石和石英等，棱边普遍圆滑状，部分为眼球状和豆荚状，长轴在 0.15~2.0mm，碎斑矿物的定向性强。新生矿物包括石英、斜长石、钾长石和黑云母等，粒径以 0.02~0.1mm 为主，粒径粗大的长英质矿物为近等轴粒状和矩形长条状。新生矿物长轴定向明显形成片理。

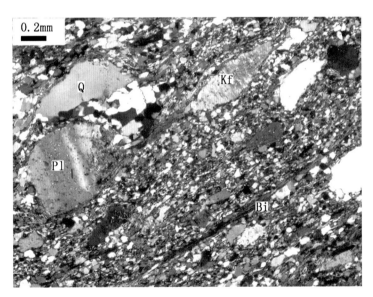

照片 6-39 Wqb-8

黑云母长英质糜棱片岩：糜棱结构，片状构造。岩石由碎斑和新生矿物组成。碎斑包括斜长石（Pl）、钾长石（Kf）和石英（Q）等，棱边普遍圆滑状，部分为眼球状和豆荚状，长轴 0.15~2.0mm，碎斑矿物的定向性强。新生矿物包括石英、斜长石、钾长石和黑云母等，粒径以 0.02~0.1mm 为主，粒径粗大的长英质矿物为近等轴粒状和矩形长条状。新生矿物彼此稳定共生，长轴定向明显形成片理。（正交）

照片6-40　WqB-9

　　含黑云母石英岩：浅灰色，鳞片粒状变晶结构，条带状构造。岩石由黑云母（7%）和石英（92%）为主要组分。石英以棱边平直的近等轴粒状、糖粒状和矩形长条状为主，粒径在0.03~0.5mm，晶体内含微粒的黑云母包裹体。黑云母呈鳞片状，大部分黑云母与粒径细小的石英形成暗色渐变条带。黑云母的长轴与石英的棱边具平直的接触面，总体具稳定共生结构，矿物的长轴与成分条带的定向性一致。

照片6-41　Wqb-9

　　含黑云母石英岩：鳞片粒状变晶结构，条带状构造。黑云母（Bi 7%）和石英（Q 92%）为主要组分。石英以棱边平直的近等轴粒状、糖粒状和矩形长条状为主，粒径0.03~0.5mm，晶体内含微细粒的黑云母。黑云母鳞片的长轴0.02~0.2mm，大部分黑云母与粒径细小的石英形成暗色渐变条带。黑云母的长轴与石英的棱边具平直的接触面，总体稳定共生，矿物的长轴与成分条带的定向性一致。（正交）

照片6-42　WqB-10

黑云母石英片岩：浅灰色，鳞片粒状变晶结构，片状构造。石英（63%）和黑云母（36%）为岩石主要组分。黑云母鳞片较规则，大小连续，个别晶体中包裹细粒石英，部分晶体微斜列和弯曲。石英的棱边多平直。黑云母鳞片的长轴与石英的棱边平行接触，总体具稳定共生结构，同时晶体的长轴具明显的定向性，构成片理面。

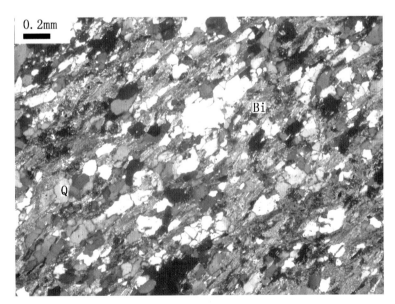

照片6-43　Wqb-10

黑云母石英片岩：鳞片粒状变晶结构，片状构造。石英（Q 63%）和黑云母（Bi 36%）为主要组分。黑云母鳞片较规则，长轴0.04~0.5mm，大小连续，个别晶体中包裹细粒石英，部分晶体微斜列和弯曲。石英的棱边多平直，粒径主要介于0.04~0.6mm，或多或少的包裹微鳞片状黑云母。黑云母鳞片的长轴与石英的棱边平行接触，总体具稳定共生结构，同时晶体的长轴具明显的定向性，构成主期面理片理面。（正交）

第七章　锑　矿

第一节　矿种介绍

锑在自然界中主要存在于硫化物矿物辉锑矿（Sb2S3）中。锑呈银白色有光泽，是一类硬而脆的金属（常制成棒、块、粉等多种形状）。为鳞片状晶体结构。在潮湿空气中会逐渐失去光泽，遇强热则燃烧成白色锑的氧化物。易溶于王水、浓硫酸。相对密度 6.68，熔点 630℃，沸点 1635℃。

自 20 世纪末以来，中国已成为世界上最大的锑及其化合物生产国。锑的工业制法是先焙烧，再用碳在高温下还原，或者是直接用金属铁还原辉锑矿。

锑现已被广泛用于生产各种阻燃剂、合金、陶瓷、玻璃、颜料、半导体元件、医药及化工等领域。

甘肃是中国重要的锑资源省之一。查明储量主要分布在陇南地区，其次为甘南地区。发现西和崖湾有大型锑矿 1 处，泰山、大沟顶有中型锑矿 2 处，肖家山、银硐梁、水眼头、安家山、美秀南、九个泉、大寺坡有小型锑矿 7 处。甘肃省锑矿矿床类型单一，均属层控型脉状矿床。矿床类型以硫化矿石为主。

第二节　浅变质岩型沉积　改造层控锑矿床

——西和县崖湾锑矿

一、区域成矿地质背景

崖湾锑矿床处于秦岭 EW 构造带西延部位，位于武都弧形构造前弧东翼。区域内地层自中志留统至第四系皆有分布，其中以志留系、泥盆系、三叠系、白垩系及第三系分布较为广泛，其他时代地层皆为零星出露。侏罗系以前属海相沉积，以碳酸盐岩和碎屑岩建造为主，沉积厚度大，层厚多在 200~500m。岩石种类多，包括灰岩、砂岩及页岩等。自侏罗系以后转为陆相沉积。区内构造运动强烈，断裂发育，且具有长期活动的特征。主要断裂北有朱家坝 – 人头山大断裂，南有沈家院 – 秦家坝大断裂。区域构造线西部为北西—南东，形成弧形转折点。再加上褶皱运动发育，为本区成矿创造了良好条件。区内火成岩不甚发育，仅见有印支期花岗闪长岩，分布于魏家庄、逊子湾等地，呈岩株、岩脉状产出。长英岩脉及玢岩脉等，为该期晚期岩脉。锑矿可能与印支期花岗闪长岩有关（图 7-1）。

二、矿床地质特征

崖湾锑矿床的含矿岩系为中生界三叠系下统马热松多组第三岩性段（Tm1~5），薄层灰岩夹中厚层灰岩，灰 – 灰白色，细晶质致密块状构造，层理较清楚。局部因方解石化重结晶作用使层理消失。柔性褶皱较发育，岩石中有脉状或网脉状方解石细脉发育。局部夹板岩为扁豆体。锑矿体赋存于灰岩与板岩的层间裂隙中，矿体上

图 7-1 崖湾锑矿矿区地质图

1- 第四系;2- 三叠系马热松多组钙质板岩夹薄层灰岩;3- 三叠系马热松多组第六岩段泥质灰岩夹钙质板岩 4- 三叠系马热松多组钙质板岩; 5- 三叠系马热松多组薄层灰岩夹中厚层灰岩;6- 三叠系马热松多组第三岩段板岩及叶片状灰岩;7- 三叠系马热松多组第三岩段薄层灰岩夹中厚层灰岩;8- 锑矿体及编号。

盘为板岩,下盘为灰岩。矿区为一单斜构造,岩层均向北西倾斜,倾角 30°~80°。次一级褶皱构造发育,多表现为表层褶曲,形成各种小褶皱,如扭曲、挠曲等。区内断裂构造发育,就其性质而言,可分为逆断层、正断层和平推断层;按产状则可分为走向断层和横断层两类;前者为成矿前断裂,多为容矿、控矿构造。后者为成矿后断层,对矿体有一定破坏影响。区内火成岩分布较少,仅见一些长英岩脉。围岩蚀变有硅化、方解石化、黄铁矿化、萤石化等,其中以硅化为主,与矿化关系密切。

三、矿体特征

锑矿体产于灰岩中，矿体规模和产状与断裂、岩性有密切关系。矿体一般呈似层状、脉状、透镜状及扁豆状，其形态较复杂，沿走向、倾向都存在分枝、复合、膨缩及尖灭再现现象。工业矿体共 42 个，其中较大矿体有 4 个（包括 6、1、7、38 号矿体）。单个矿体长度为 50~1000m，厚度 2.28~9.03m，品位为 1.93%~2.98%，平均品位为 2.86%。其中 6 号矿体赋存于灰岩与板岩层间断裂中，长度 1000m，厚度 5.95m，深度 500m。

矿体产状变化较大，总的方向为 NE30°~85°。倾向 NW，倾角 55°~70°，在浅部（标高 1600m 以上），倾角较陡，达 60°~65°，中部（1500m 标高）倾角则较缓，一般为 56° 左右，向深部（1500m 标高以下）倾角则有变陡，达 70°~80°，剖面形态呈舒缓 "S" 形。

四、矿石特征

金属矿物以辉锑矿为主，黄铁矿、白铁矿次之，脉石矿物有石英、方解石、萤石、玉髓、绢云母等，次生氧化矿物有锑锗石、黄锑华、褐铁矿、高岭土等。

矿石结构有自形、半自形、他形粒状结构；骸晶状、残余状、压碎、揉皱结构；矿石构造以角砾状、浸染状最普遍，次有块状、团块状、脉状、条带状、束状及放射状等构造，而晶洞状、土状、粉末状、皮壳状等构造仅见于个别地段。

矿床类型为浅变质岩型沉积—改造层控锑矿床。

五、成矿模式

根据崖湾锑矿床矿床地质特征，结合围岩蚀变类型，以及矿石中矿物的共生组合关系分析，矿液条件是矿床形成的内因，由于碳酸盐岩具有化学活泼性的特点，造成了矿液沉淀的良好环境，出露于灰岩上部的板岩，则又起着了良好的隔挡作用，使活动的矿液，有着充裕时间进行交代和充填。构造条件是矿床形成的外因，发育于灰岩与板岩之间的层间断裂，不仅为矿液上升提供了通道，而更重要的是这种断裂，直接控制了矿体的规模和产状，这些是成矿作用过程中的主要条件。矿化严格受断裂构造与有利围岩所控制。断裂构造严格控制矿体的规模、形态和产状。富矿体多出现于构造交会及拐弯处。构造的继承性复活，伴随多次热液作用，对矿

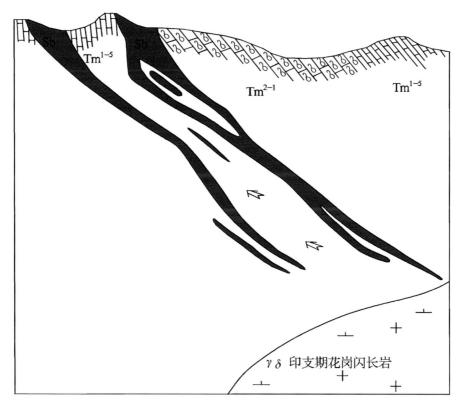

图 7-2　崖湾锑矿床典型矿床成矿模式（据冀晓清等，2011）

化起着富集和扩大规模的作用。矿化沿走向和倾向变化较大，具不均匀性。矿体膨缩、分枝、复合、尖灭、再现现象明显。矿化与硅化关系密切，硅化程度越高，矿化越好。有用矿物组份简单，说明矿液分异性较好（图 7-2）。

六、标本采集简述

崖湾锑矿区共采集岩矿石标本 8 块（表 7-1）。其中矿石标本 2 块，岩石标本 6 块，矿石标本岩性为灰色石英脉型辉锑矿矿石、深灰色碎裂石英岩型辉锑矿矿石；岩石标本岩性为灰黑色粉砂质钙泥质板岩、灰色薄层粉砂质微晶灰岩、灰白色方解石脉、浅灰色含粉砂钙泥质板岩、灰色含砂亮晶鲕粒灰岩、灰色微晶灰岩。本次采集的标本基本覆盖了崖湾锑矿不同类型的矿石、岩石及围岩，较全面地反映了秦岭地区浅变质岩沉积改造层控型锑矿的地质特征。

表 7-1　崖湾锑矿采集典型标本

序号	标本编号	标本岩性	标本类型	薄片编号	光片编号
1	YwB-1	灰色石英脉型辉锑矿矿石	矿石	Ywb-1	Ywg-1
2	YwB-2	深灰色碎裂石英岩型辉锑矿矿石	矿石	Ywb-2	Ywg-2
3	YwB-3	灰黑色粉砂质钙泥质板岩	围岩	Ywb-3	
4	YwB-4	灰色薄层粉砂质微晶灰岩	围岩	Ywb-4	
5	YwB-5	灰白色方解石脉	脉岩	Ywb-5	
6	YwB-6	浅灰色含粉砂钙泥质板岩	围岩	Ywb-6	
7	YwB-7	灰色含砂亮晶鲕粒灰岩	围岩	Ywb-7	
8	YwB-8	灰色微晶灰岩	围岩	Ywb-8	

七、岩矿石光薄片图版及说明

照片 7-1　YwB-1

　　石英脉型辉锑矿矿石：灰色，粒状、板条状结构，近块状构造。岩石主要由石英组成，石英具近等轴粒状、马牙状、板条状和它形粒状等形态。金属矿物为辉锑矿和毒砂，辉锑矿为柱状、近粒状和它形晶，金属矿物基本均匀分布，具浸染状构造。

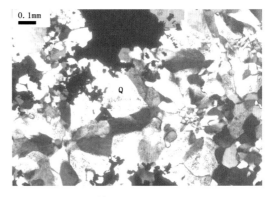

照片 7-2　Ywb-1

　　石英脉型辉锑矿矿石：粒状、板条状结构，近块状构造。脉石矿物石英（Q），具近等轴粒状、马牙状、板条状和它形粒状等形态，长轴介于 0.02~0.5mm。从脉体的结晶中心向外石英晶体呈放射状生长，同时粒径变大、晶形变规则。（正交）

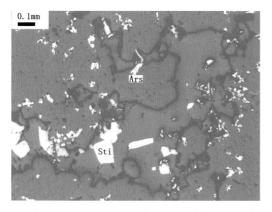

照片 7-3-1　Ywg-1（Ywb-1）（单偏光）

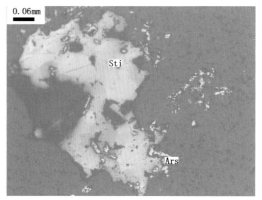

照片 7-3-2　Ywg-1（Ywb-1）（单偏光）

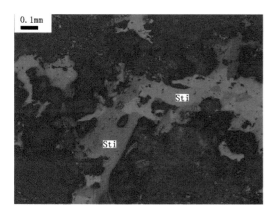

照片 7-3-3　Ywg-1（Ywb-1）（正交）

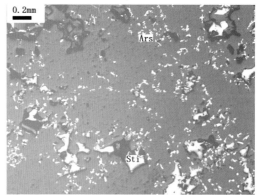

照片 7-3-4　Ywg-1（Ywb-1）（单偏光）

　　石英脉型辉锑矿矿石：柱粒状结构，包含结构，浸染状构造。金属矿物为辉锑矿（Sti 8%）和毒砂（Ars 4%），辉锑矿为柱状、近粒状和它形晶（照片 7-3-1），长轴 0.05~0.5mm，灰白反射色，反射多色性显著（照片 7-3-2），蓝—黄粉偏光色（照片 7-3-3）。自形的毒砂晶体具矛头状长方形和菱形切面，长轴在 0.02~0.13mm。金属矿物基本均匀分布，具浸染状构造（照片7-3-4）。

照片 7-4　YwB-2

　　碎裂石英岩型辉锑矿矿石：深灰色，碎裂结构，粒状、板条状结构，近块状构造。该矿石的岩石类型为石英岩，破碎成 0.1~30mm 大小的棱角状—尖棱角状碎块。石英岩碎块的组成矿物为单一石英，石英的晶形多规则。金属矿物为单一的辉锑矿，从柱状、近粒状到它形晶均有，受力揉皱现象明显，辉锑矿在石英岩碎块和破碎基质中均有分布，矿化明显晚于变形期。

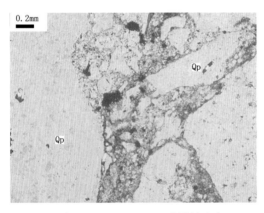

照片 7-5-1　Ywb-2（单偏光）

照片 7-5-2　Ywb-2（正交）

　　碎裂石英岩型辉锑矿矿石：碎裂结构，粒状、板条状结构，近块状构造。该矿石的岩石类型为石英岩（Qp），破碎成 0.1~30mm 大小的棱角状—尖棱角状碎块（照片 7-5-1）。石英岩碎块的组成矿物为单一石英（Q），石英的晶形多规则（照片 7-5-2），粒径 0.02~0.3mm，彼此紧密镶嵌，长轴无定向。辉锑矿在石英岩碎块和破碎基质中均有分布，矿化明显晚于变形期。

照片 7-6-1　Ywg-2（Ywb-2）（单偏光）　　照片 7-6-2　Ywg-2（Ywb-2）（正交）

照片 7-6-3　Ywg-2（Ywb-2）（正交）　　照片 7-6-4　Ywg-2（Ywb-2）（单偏光）

　　碎裂石英岩型辉锑矿矿石：柱粒状结构，不均匀浸染状构造。辉锑矿（*Sti* 23%）为柱状、近粒状和它形晶，长轴 0.05~6.0*mm*，柱状晶体的棱边较平直（照片 7-6-1），聚片双晶发育（照片 7-6-2），受力揉皱现象明显（照片 7-6-3）。在辉锑矿的富集区，大小不等的晶体相互衔接，构成致密程度有差异的集合体（照片 7-6-4）。

照片 7-7 YwB-3

粉砂质钙泥质板岩：灰色，鳞片粒状变晶结构，板状构造。碎屑物砂粒石英和白云母组成，矿物的长轴定向性明显。各类组分分布不均匀，形成具成分差异的渐变纹层，该成分纹层与板理面一致，即 $S1 \parallel S0$。

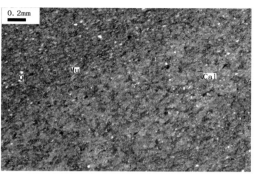

照片 7-8 Ywb-3

粉砂质钙泥质板岩：微鳞片粒状变晶结构，变余纹层构造，板状构造。碎屑物砂粒石英（Q 19%）和白云母（Mu 7%）的长轴定向性明显。新生绢云母为仅显光性的微鳞片集合体，方解石（Cal）为 0.015~0.06mm 的它形粒状。各类组分分布不均匀形成具成分差异的渐变纹层，该成分纹层与新生矿物定向构成的板理面一致，即 $S1 \parallel S0$。（正交）

照片 7-9 YwB-4

粉砂质微晶灰岩：灰色，粉砂质微晶结构，显微渐变纹层构造，明显定向构造。碎屑物砂粒、方解石和泥质混入物为岩石组分。碎屑物砂粒包括棱角状石英和针状白云母，方解石以微晶为主，多为它形粒状。各类组分分布不均匀，构成具成分差异的显微渐变纹层，矿物的长轴与成分纹层的展布具一致的定向性。

照片 7-10 Ywb-4

粉砂质微晶灰岩：粉砂质微晶结构，显微渐变纹层构造，明显定向构造。碎屑物砂粒、方解石和泥质混入物为岩石组分。碎屑物砂粒包括棱角状石英（Q 28%）和针状白云母（Mu 7%），长轴多在 0.02~0.06mm。方解石（Cal 62%）以 0.005~0.035mm 的微晶为主，多为它形粒状。各类组分分布不均匀，构成具成分差异的显微渐变纹层，矿物的长轴与成分纹层的展布定向性一致。（正交）

照片 7-11　YwB-5

　　方解石脉：灰白色、粒状、马牙状结构，镶嵌定向构造。方解石具粒状、马牙状和板条状等形态，长轴在 0.1~15.0mm，具菱形解理，双晶纹受力明显弯曲。靠近脉体壁的方解石为粒径细小的粒状晶，靠近脉体中心晶形演变为较粗大的马牙状和板条状，长轴明显垂直脉体壁定向分布。微量石英充填在方解石的晶体粒间。

照片 7-12　Ywb-5

　　方解石脉体：粒状、马牙状结构，镶嵌定向构造。方解石（Cal 97%）为粒状、马牙状和板条状，长轴 0.1~15.0mm，具菱形解理，双晶纹明显弯曲。靠近脉体壁方解石为粒径细小的粒状晶，靠近脉体中心晶形演变为较粗大的马牙状和板条状，长轴明显垂直脉体壁定向分布。微量石英（Q 3%）充填在方解石的晶体粒间。（正交）（照片 7-12 右侧暗色部分为围岩）

照片 7-13　YwB-6

　　含粉砂钙泥质板岩：灰色，微鳞片变晶结构，板状构造。岩石组分有碎屑物砂粒、新生绢云母和隐晶状残余物等。碎屑物砂粒包括定向分布的石英和白云母；绢云母为微鳞片集合体，明显定向。岩石具成分差异的渐变纹层，成分纹层与岩石的板理面一致，即 S1 // S0。

照片 7-14　Ywb-6

　　含粉砂钙泥质板岩：微鳞片变晶结构，显微纹层构造，板状构造。岩石组分有碎屑物砂粒、新生绢云母和隐晶状残余物等。碎屑物砂粒包括定向分布的石英（Q 6%）和白云母（Mu 4%）；绢云母（Ser）多为仅显光性的微鳞片集合体，明显定向；隐晶状残余物为含量较高的泥质、钙质和铁质等。岩石具成分差异的渐变纹层，成分纹层与岩石的板理面一致，即 S1 // S0。（正交）

照片 7-15　YwB-7

含砂亮晶鲕粒灰岩：深灰色，粒屑结构，块状构造。碎屑物砂粒、粒屑和方解石为岩石主要组分。粒屑以规则的圆状鲕粒为主，微量团粒，鲕粒的大小在 0.2~0.5mm，种类复杂；由泥晶方解石组成。碎屑物砂粒主要为不规则状石英。胶结物方解石晶面亮净，彼此紧密镶嵌。石英方解石脉体纵横穿插。

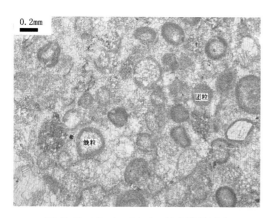

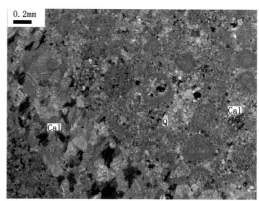

照片 7-16-1　Ywb-7（单偏光）　　　　照片 7-16-2　Ywb-7（正交）

含砂亮晶鲕粒灰岩：粒屑结构，块状构造。碎屑物砂粒、粒屑和方解石为主要组分。粒屑以规则的圆状鲕粒为主（照片 7-16-1），微量团粒，鲕粒的大小在 0.2~0.5mm，种类复杂；团粒的边缘具泥晶套，内部由泥晶方解石组成，色较暗。碎屑物砂粒主要为不规则状石英（Q）。胶结物方解石具有两个世代，第一世代的方解石为长轴 < 0.025mm 的马牙状和栉壳状，垂直粒屑的边缘分布，第二世代的方解石以近等轴粒状为主，粒径在 0.03~0.5mm，晶面亮净，彼此紧密镶嵌。石英方解石脉体（7-16-2 照片左下方）纵横穿插。

照片 7-17 YwB-8

　　微晶灰岩：灰色，微晶结构，略显定向构造。方解石多为它形粒状，含量约80%，个别晶体具不完整的菱面体或菱面体的轮廓，粒径以 0.02~0.03mm 为主，长轴略显定向性。脉体方解石的长轴明显垂直脉体壁，且强烈变形，该脉体的形成早于岩石的变形期。

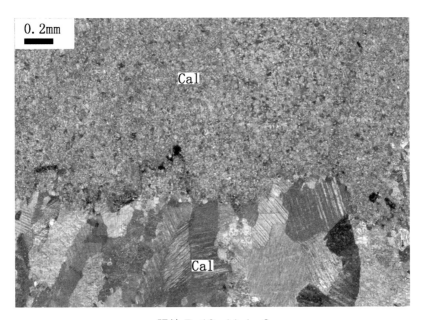

照片 7-18 Ywb-8

　　微晶灰岩：微晶结构，略显定向构造。方解石（Cal 79%）多为它形粒状，个别晶体显菱面体轮廓，粒径以 0.02~0.03mm 为主，长轴略显定向性。脉体方解石（照片 7-18 中心近东西向粒径粗大者）的长轴明显垂直脉体壁，且强烈变形，该脉体的形成早于岩石的变形期。（正交）

第八章　稀土矿

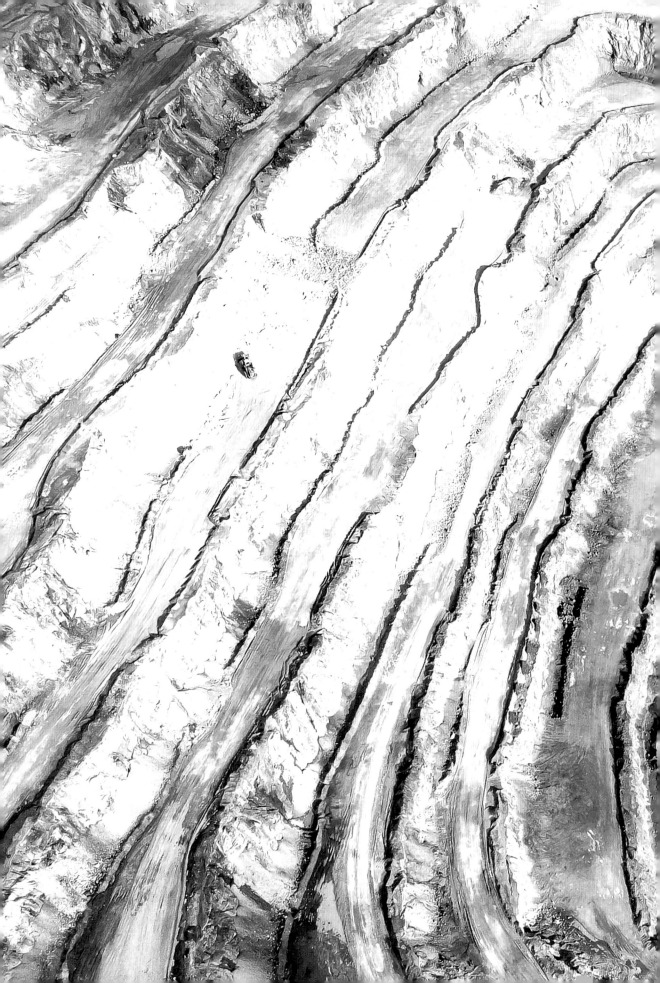

第一节　矿种介绍

稀土元素被誉为"工业的维生素"，具有无法取代的优异磁、光、电性能，对改善产品性能，增加产品品种，提高生产效率起到了巨大的作用。由于稀土作用大，用量少，故已成为改进产品结构、提高产品科技含量、促进行业技术进步的重要元素，被广泛应用到了冶金、军事、石油化工、玻璃陶瓷、农业和新材料等领域。

甘肃省稀土矿资源十分匮乏，全省有 2 处中型稀土矿床，分布于天祝县干沙鄂博一带和阿克塞哈萨克族自治县雁丹图等地，有 3 处稀土矿点，分布于金塔县 1481 和临泽县黑山口境内。

天祝县干沙鄂博稀土矿产于北祁连，成矿时代为华力西晚期；阿克塞县雁丹图稀土矿位于中南祁连，成矿时代为加里东晚期；临泽县黑山口稀土矿点位于阿拉善陆块，成矿时代为华力西中期。

第二节　花岗斑岩型稀土矿床—天祝县干沙鄂博稀土矿

一、成矿地质背景

矿床位于北祁连造山带乌鞘岭—毛毛山早古生代弧后盆地区，出露地层为早奥陶世阴沟群上段的灰绿色安山岩、英安斑岩及安山玢岩，中奥陶世中堡群下段的灰绿色变砂岩、凝灰质砂岩及凝灰岩，石炭系发育灰色中细粒石英砂岩、炭质页岩夹粉砂岩、灰黑色灰岩与炭质页岩互层，上部长石石英砂岩与页岩互层。区内岩浆活动强烈，主要为奥陶纪花岗闪长岩，次为侵入于花岗闪长岩体中心部位的二叠纪霓辉石英正长斑岩，少量霓辉（碱长）正长斑岩和石英粗面岩，各岩性间为相变过渡关系。这一富含碱性矿物的浅成侵入体，是干沙鄂博稀土矿、铜矿床的重要含矿母岩。分布于毛藏寺干沙河脑一带，长800m，宽460m，面积0.29km^2，呈椭圆状的岩株或岩瘤，岩石结构以不等粒斑状结构、似斑状结构为主，成分以碱长石（条纹长石、正长石）为主，含霓辉石、磷灰石、榍石及透辉石，岩石硅化、萤石化、碳酸盐岩化、重晶石化、绿泥石化、绢云母化、钾化、钠长石化、高岭石化，特别是强硅化、萤石化、碳酸盐岩化地段形成强稀土及多金属矿化，表现出热液蚀变作用对矿化的明显控制作用。断裂以北西西向逆断层为主，北北西向和北北东向次之。北西西向主断裂是岩基的主要通道，对成矿有控制作用（图8-1）。

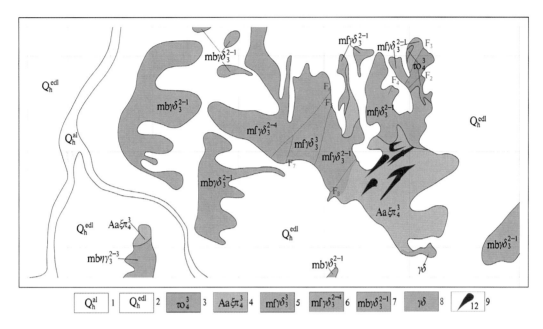

图 8-1 天祝县干沙鄂博(干沙河脑)铜稀土多金属矿地质示意图(据运启顺等，2014)

　　1- 第四系全新统冲积砂砾层；2- 第四系全新统残坡积层；3- 海西晚期石英粗面岩；4- 海西晚期霓辉正长斑岩；5- 加里东中期深灰色中细粒花岗闪长岩；6 加里东中期—深灰色中细粒花岗闪长岩；7- 加里东中期灰色中粒黑云母花岗闪长岩；8- 未分花岗闪长岩；9- 稀土矿体位置及编号。

二、成矿要素

　　干沙鄂博岩浆型稀土矿成矿要素见表 8-1。

表 8-1 干沙鄂博(干沙河脑)稀土矿床成矿要素一览表

成矿要素	主要特征
矿体特征	稀土矿产于在碱性斑岩体内，为全岩矿化，受环形构造、节理、裂隙控制，共圈出矿体 19 个，其中有 5、6、9 及 12 号为主矿体，矿体走向 40°~45°
构造背景	走廊断陷盆地
成矿环境	北祁连褶皱系走廊过渡带内带，毛藏右凸起西北部的毛藏岩基内
成矿时代	华力西晚期(Rb~Sr 等时线年龄为 256.11Ma 左右)
岩石类型	霓辉碱长石英正长斑岩、霓辉正长斑岩、石英正长斑岩、混杂石英正长斑岩
岩石结构	斑状结构为主
矿物组合	稀土—铜、铅，稀土—铜、铅、钼
矿体形态	透镜状、似层状、扁豆状及分枝复合状

续表

成矿要素	主要特征
围岩蚀变	主要为硅化、碳酸岩化、萤石化，次为重晶石化、绿泥石化、黄铁矿化、绢云母化、钾长石化
控矿条件	环形构造控制了斑岩体的形态，节理、裂隙为矿化组分的富集、沉淀提供了空间。碱性斑岩体为成矿地质体
地球物理特征	含矿斑岩体具有伽马强度高的特点，以61伽玛为下限可圈定碱性斑岩体的矿化范围
地球化学特征	异常具有良好的水平分带，Mo、Pb 具外带，Cu、Zn、La、Ce、Ag 居中带，Mn 具内带
重砂特征	孔雀石、黄铜矿、方铅矿、钒铅矿、白铅矿、辉钼矿异常，见重晶石、萤石。

三、矿体特征

稀土矿全部产于海西晚期碱性斑岩体之中，圈出稀土矿体 19 个，铜、铅矿体 5 个。矿体呈北东向分布，矿体形态呈长条状、长条形枝杈状、透状及不规则透镜状。分布于碱性斑岩体偏北部。单个稀土矿体长 300m，宽 5~56m，REO 平均 0.916%~1.011%，单样最高 5.89%，伴生 Cu0.01%~0.12%，Pb0.05%~0.32%。矿化以稀土（REE）为主，共（伴）生 Pb、Cu、Mo，伴生 U、Th 和萤石等，REE 全部产于斑岩体内呈面型矿化，Cu、Pb 主要产于斑岩体内、外接触带，Mo 主要产于斑岩体内部，呈脉状。

四、矿石特征

经鉴定发现有矿石矿物 40 余种，主要为直氟碳钙铈矿、氟碳钙铈矿、氟碳铈矿，见独居石、褐铁矿、磁铁矿、黄铁矿、黄铜矿、斑铜矿、铜蓝、方铅矿、铅矾、闪锌矿、钛铁矿、辉钼矿等，脉石矿物为方解石、石英、长石、绿泥石、辉石、霓辉石、角闪石、阳起石、绢云母等。

矿石结构构造以自形柱状结构、半自形粒柱状结构、交代结构为主，其次为它形柱状结构、粒状晶结构、交代结构、反应边结构、乳滴状结构，固溶体分离结构等，构造为稀疏浸染状或星点状构造、（网）脉状构造、条带状构造、皮壳状构造、晶洞状构造。

矿石类型分为石英正长斑岩型和霓辉（碱长）正长斑岩型两类矿石。

五、矿床成因

根据对控矿因素的分析，对成矿期次的讨论，认为该矿床的形成与霓辉（石英）正长斑岩的侵入非常密切，成矿期次可划分为高温热液→中温热液→中低温热液→表生期 4 个成矿期，稀土及多金属矿化主要发育于中温及中低温热液期，即岩浆期后含矿热液活动与矿化的形成及碱性岩自蚀变同步发生，由此认为，矿床成因属岩浆热液碱性花岗斑岩型稀土矿床。

根据矿物的共生组合，相互穿插关系以及交代蚀变现象，成矿期次可划分为气化—高温成矿期、中温热液成矿期、中低温热液成矿期、表生成矿期 4 个期次，并将中温热液成矿期按蚀变类型及先后顺序进一步划分为石英硫化物阶段和萤石硫化物阶段，将中低温热液成矿期划分为碳酸盐硫化物阶段和硫酸盐硫化物阶段。稀土矿化的主要成矿期为中温热液成矿期，其次为中低温热液成矿期。

六、成矿模式

北祁连加里东造山带冷龙岭复背斜控制了毛藏岩基的大量侵入，控制了各类矿化物源及热源基础；含矿碱性斑岩体外侧为环形断裂（应为碱性斑岩体侵入期形成），间接控制了碱性斑岩体的形态、产状，也为碱性岩浆侵入期后含矿热液的活化、迁移提供了通道，应属导矿构造；碱性斑岩体内大量张性节理、裂隙的发育，为蚀变脉体的形成和矿化组分的富集、沉淀提供了储矿空间。

具有稀土和放射性等高丰度值的中酸性—酸性岩浆的多期侵入，特别是来自上地幔的碱性斑岩的侵入为稀土、多金属元素及放射性元素矿化提供了物源、热源及热动力，碱性斑岩体直接提供母岩条件，同时，岩浆的侵位扩容形成了环状断裂和十分发育的节理、裂隙。

主要是受碱性岩侵入期后的高温气化作用与强烈的中低温热液作用形成热液蚀变作用或自变质作用，形成了强烈的硅化、萤石化、碳酸盐化。

综上所述，根据岩浆的侵入及控矿因素等条件建立了干沙河稀土矿成矿模式图（图 8-2）。

干沙鄂博稀土矿床产于华力西晚期（Rb~Sr 等时线年龄为 256.11Ma 左右，为变质年龄）的碱性侵入岩体中；在加里东早期北祁连断陷盆地内属于海侵时期，形成了一套厚达 4000m 的海相沉积岩及酸—中酸性喷发喷溢火山岩（即蛇绿岩带），

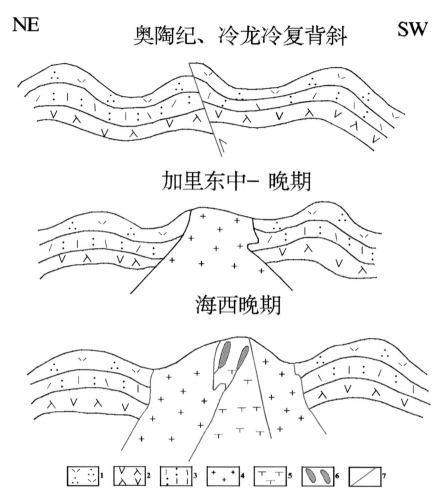

图 8-2　干沙鄂博（干沙河脑）岩浆型稀土矿成矿模式图（据余超等，2013）

1- 石英灰岩；2- 安山玢岩；3- 晶屑凝灰岩；4- 花岗岩；5- 碱性斑岩；6- 稀土矿；7- 断层。

呈南东—北西向分布之后，构造活动表现活跃，并形成了一系列相互平行的褶皱构造（即冷龙岭复背斜）和以北西西向为主、北西西向及北北东向为次的断裂构造，对区内一带的内生矿产具有一定的控制作用。加里东中晚期岩浆活动强烈，在构造应力的作用下以北西西向断裂为通道，侵入了大量的中—酸性岩浆，形成了毛藏岩基的主体部分即花岗岩及花岗闪长岩岩基。在此背景下，华力西晚期岩浆活动仍然强烈，再次侵入了碱性岩浆，形成了碱性斑岩体（即含矿母岩体），为一套霓辉碱长石英正长斑岩、霓辉正长斑岩、混杂石英正常斑岩岩石组合类型，矿体主要产于前两者岩石中，矿床成因为岩浆岩型，矿化蚀变主要为硅化、碳酸岩化、萤石化、重晶石化、强绿泥石化、黄铁矿化、绢云母化、钾长石化，前四者蚀变与矿体关系极为密切。

该模式的建立主要参考了甘肃省地质矿产开发局第三地质矿产勘查院稀土矿地质普查报告（内部资料）。

七、标本采集简述

干沙鄂博（干沙河脑）稀土矿区共采集岩矿石标本8块（表8-2）。其中矿石标本4块，岩石标本4块，矿石标本岩性为灰色细粒黄铁矿萤石矿化霓辉碱长正长岩、灰白色方铅矿萤石矿化方解石、浅肉红色中细粒方铅矿萤石矿化霓辉碱长正长岩、灰白色黄铜矿萤石矿化霓辉碱长正长斑岩；岩石标本岩性为深灰色中粒长石砂岩、灰色中粗粒长石砂岩、浅肉红色蚀变细中粒黑云二长花岗岩、肉红色花岗斑岩。本次采集的标本基本覆盖了干沙鄂博稀土矿不同类型的矿石、岩石及围岩，较全面地反映了祁连地区的花岗斑岩型稀土矿的地质特征。

表8-2　干沙鄂博（干沙河脑）稀土矿采集典型标本

序号	标本编号	标本岩性	标本类型	薄片编号	光片编号
1	GsebB-1	深灰色中粒长石砂岩	围岩	Gsebb-1	
2	GsebB-2	灰色中粗粒长石砂岩	围岩	Gsebb-2	
3	GsebB-3	浅肉红色蚀变细中粒黑云二长花岗岩	围岩	Gsebb-3	
4	GsebB-4	肉红色花岗斑岩	围岩	Gsebb-4	
5	GsebB-5	灰色细粒黄铁矿萤石矿化霓辉碱长正长岩	矿石	Gsebb-5	Gsebg-1
6	GsebB-6	灰白色方铅矿萤石矿化方解石	矿石	Gsebb-6	Gsebg-2
7	GsebB-7	浅肉红色中细粒方铅矿萤石矿化霓辉碱长正长岩	矿石	Gsebb-7	Gsebg-3
8	GsebB-8	灰白色黄铜矿萤石矿化霓辉碱长正长斑岩	矿石	Gsebb-8	Gsebg-4

八、岩矿石光薄片图版及说明

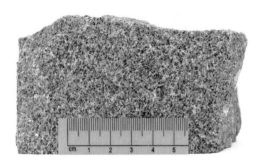

照片 8-1　GsebB-1

　　深灰色中粒长石砂岩：中粒砂状结构，渐变微纹层构造。碎屑物包括石英（Q）、斜长石（Pl）、钾长石（Kf）、白云母（Mu）和岩屑石英岩（Qp）等，分选中等，磨圆较差，大小多在 0.25~0.5mm，石英和长石以次棱角状为主，各类碎屑物均匀分布，长轴无定向性。填隙物为泥杂基和胶结物方解石亮晶（Cal）等，填隙物分布不均匀，具成分差异的渐变微纹层。

照片 8-2　Gsebb-1

　　中粒长石砂岩：中粒砂状结构，渐变微纹层构造。碎屑物包括石英（Q）、斜长石（Pl）、钾长石（Kf）、白云母（Mu）和岩屑石英岩（Qp）等，分选中等，磨圆较差，大小多在 0.25~0.5mm，刚性碎屑物石英和长石以次棱角状为主，各类碎屑物均匀分布，长轴无定向。填隙物为泥杂基和胶结物方解石亮晶（Cal）等，填隙物分布不均匀，具成分差异的渐变微纹层（照片 8-2 下侧胶结物方解石的含量明显偏高）。（正交）

照片 8-3　GsebB-2

　　浅紫色中粗粒长石砂岩：中粗粒砂状结构，块状构造。碎屑物包括石英（Q）、斜长石（Pl）、钾长石（Kf）、白云母（Mu）、岩屑石英岩（Qp）、硅质岩等，分选和磨圆较差，大小多在 0.25~1.0mm，粒状碎屑物以次棱角状和次圆状为主，个别石英呈尖棱角状。大小不等的碎屑物均匀分布，长轴略显定向。填隙物以泥杂基为主，具少泥颗粒支撑类型，集合状分布在碎屑物周围。

照片 8-4　Gsebb-2

　　中粗粒长石砂岩：中粗粒砂状结构，块状构造。碎屑物为石英（Q）、斜长石（Pl）、钾长石（Kf）、白云母（Mu）和岩屑石英岩（Qp）、硅质岩等，分选和磨圆较差，大小多在 0.25~1.0mm，粒状碎屑物以次棱角状和次圆状为主，个别石英尖棱角状。大小不等的碎屑物均匀分布，长轴略显定向。填隙物以泥杂基为主，具少泥颗粒支撑类型，泥杂基重结晶成细微的绢云微鳞片，集合状分布在碎屑物周围。（正交）

照片 8-5　GsebB-3

　　浅肉红色蚀变细中粒黑云二长花岗岩：花岗结构，块状构造。造岩矿物为石英（24%）、斜长石（36%）、钾长石（34%）和黑云母（5%）等。长石为宽板状、短柱状和近粒状，粒径1.0~4.8mm，斜长石不同程度的绢—白云母和帘石化；钾长石明显黏土化。石英为不规则它形粒状。黑云母除微量残留体外，基本被次生矿物绿泥石和绿帘石集合体代替。

照片 8-6　Gsebb-3

　　蚀变细中粒黑云二长花岗岩：花岗结构，块状构造。造岩矿物为石英（Q 24%）、斜长石（Pl 36%）、钾长石（Kf 34%）和黑云母（Bi 5%）等。长石宽板状、短柱状和近粒状，粒径1.0~4.8mm，斜长石的聚片双晶纹细密，不同程度的绢—白云母和帘石化，晶体中心的蚀变强于边缘；钾长石具点滴状和微脉状条纹，属微斜条纹长石，明显黏土化。石英一般为不规则它形粒状。黑云母除微量残留体外，基本被次生矿物绿泥石和绿帘石集合体代替，并有粉末状金属析出物。（正交）

照片 8-7　GsebB-4

　　肉红色花岗斑岩：斑状结构，基质微粒结构，块状构造。岩石由斑晶和基质两部分组成，斑晶包括斜长石（7%）、钾长石（28%）、石英（5%）和黑云母（2%）等，粒径0.4~2.0mm，局部构成聚斑。基质主要包括斜长石（10%）、钾长石（30%）、石英（16%）和黑云母（1%）等，大小在0.03~0.15mm。

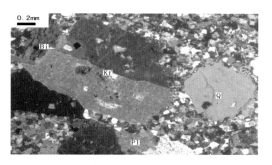

照片 8-8　Gsebb-4

　　花岗斑岩：斑状结构，基质微粒结构，块状构造。斑晶包括斜长石（Pl）、钾长石（Kf）、石英（Q）和黑云母（Bi）等，粒径0.4~2.0mm，局部构成聚斑，石英受熔蚀部分晶体近浑圆状；长石具宽板状和短柱状形态或轮廓，斜长石的聚片双晶纹较细密，轻微绢—白云母和黏土化；钾长石具卡式双晶和条纹构造，属微斜条纹长石，黏土化较强；黑云母鳞片不同程度的绿泥石和绿帘石化。基质主要包括斜长石、钾长石、石英和黑云母等，粒径0.03~0.15mm，各类矿物的光学特征基本同相应的斑晶矿物。（正交）

照片 8-9　GsebB-5

　　灰色细粒黄铁矿萤石矿化霓辉碱长正长岩：半自形粒柱状结构，交代结构，块状构造。岩石由金属矿物和脉石矿物两部分组成，金属矿物有黄铁矿（3%）、微量磁铁矿、黄铜矿和斑铜矿等。黄铁矿呈浅黄白反射色，从自形粒状到它形粒状均有，黄铜矿呈半自形—它形粒状；脉石矿物以钾长石和霓辉石为主，钾长石的形态复杂，黏土化明显；霓辉石为半自形的短柱状和近粒状。

照片 8-10-1　Gsebb-5（正交）

照片 8-10-2　Gsebb-5（正交）

　　细粒黄铁矿萤石矿化霓辉碱长正长岩：半自形粒柱状结构，交代结构，块状构造。现岩石包括原岩组分（照片 8-10-1）和后期矿化热液组分（照片 8-10-2）。

　　原岩组分以钾长石（Kf）和霓辉石（Aea）为主，钾长石属微斜长石和条纹长石，客晶钠长石的形态复杂，黏土化明显；霓辉石为半自形的短柱状和近粒状，具辉石式解理，草绿—黄绿色，干涉色鲜艳。矿化热液组分包括石英（Q）、方解石（Cal）和萤石（Fl）等，各类晶体中均含微粒状磷灰石和霓辉石等固体矿物。矿化热液组分与原岩渐变，在热液组分的富集区残留或多或少棱边受熔蚀的原岩钾长石和霓辉石。

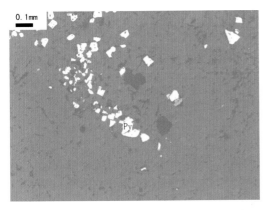

照片 8-11-1　Gsebg-1（Gsebb-5）

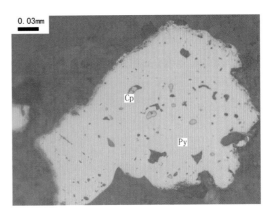

照片 8-11-2　Gsebg-1（Gsebb-5）

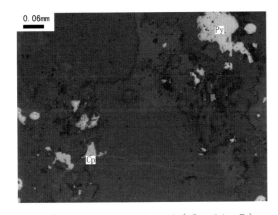

照片 8-11-3　Gsebg-1（Gsebb-5）

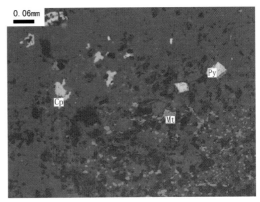

照片 8-11-4　Gsebg-1（Gsebb-5）

　　细粒黄铁矿萤石矿化霓辉碱长正长岩：粒状结构，交代结构，不均匀浸染状构造。金属矿物为黄铁矿（Py 3%）、磁铁矿（Mt）、黄铜矿（Cp）和斑铜矿等。黄铁矿为自形程度不同的粒状（照片 8-11-1），粒径 0.02~0.3mm，个别晶体内包含滴状黄铜矿（照片 8-11-2）。黄铜矿显铜黄色反射色，为 0.02~0.05mm 的半自形—它形粒状（照片 8-11-3），有的晶体具不完整的平直棱边。磁铁矿为细小粒状和粉末状集合体，近定向分布在暗色矿物的解理缝中（照片 8-11-4），粒径仅 0.015~0.035mm，显灰棕反射色，个别晶体被赤铁矿轻微交代。（单偏光）

照片 8-12　GsebB-6

　　灰白色方铅矿萤石矿化方解石：柱粒状结构，脉状构造。岩石由金属矿物和非金属矿物组成，金属矿物主要为方铅矿（2%），微量斑铜矿、闪锌矿、黄铜矿、黄铁矿和铜蓝等。各类金属矿物常紧密伴生，局部呈不规则状团块；非金属矿物包括方解石、石英和萤石等，脉体可识别出两期。早期脉体由方解石和石英组成，方解石近等轴粒状、马牙状和长板柱状。晚期脉体的组成以萤石和石英为主，脉宽 0.5~5.0mm，穿插切割早期脉体，萤石以不规则粒状为主，具不均匀的紫色。

照片 8-13-1　Gsebb-6（正交）

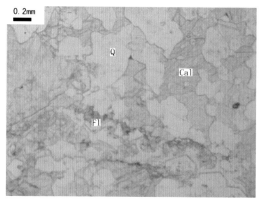

照片 8-13-2　Gsebb-6（单偏光）

　　方铅矿萤石矿化方解石：柱粒状结构，渐变脉状构造。该矿化脉体的非金属矿物包括方解石（Cal）、石英（Q）和萤石（Fl）等，依据相互穿插关系该脉体至少可识别出两期。

　　早期脉体由方解石和石英组成（照片 8-13-1），方解石近等轴粒状、马牙状和长板柱状，部分晶体包裹细粒石英；石英近等轴粒状、板柱状和它形粒状，棱边多较平直，方解石和石英的接触面多规则。晚期脉体的组成以萤石和石英为主（照片 8-13-2），脉宽 0.5~5.0mm，穿插切割早期脉体，萤石以不规则粒状为主，少量晶体具菱面体轮廓，具不均匀的紫色。

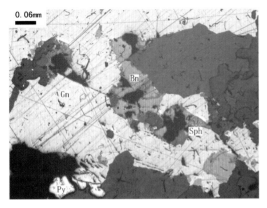

照片 8-14-1 Gsebg-2（Gsebb-6）

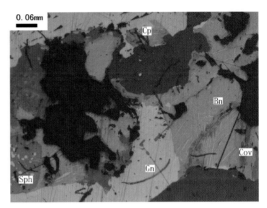

照片 8-14-2 Gsebg-2（Gsebb-6）

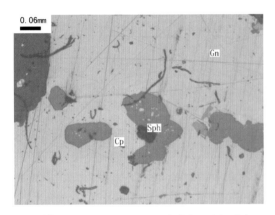

照片 8-14-3 Gsebg-2（Gsebb-6）

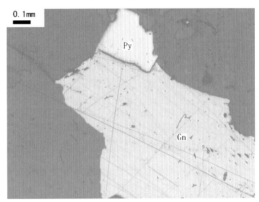

照片 8-14-4 Gsebg-2（Gsebb-6）

方铅矿萤石矿化方解石：粒状结构，包含、交代结构，不均匀浸染状构造。金属矿物为方铅矿（ *Gn* 2%）、斑铜矿（ *Bn* ）、闪锌矿（ *Sph* ）、黄铜矿（ *Cp* ）、黄铁矿（ *Py* ）和铜蓝（ *Cov* ）等。各类金属矿物常紧密伴生，形成 1~6*mm* 大小的不规则状团块（照片 8-14-1）。方铅矿的反射色为亮白色，斑铜矿、闪锌矿和黄铜矿均被方铅矿包裹，受熔蚀棱边较浑圆。斑铜矿具浅玫瑰色反射色，粒径在 0.04~0.35*mm*，晶体内富含格子状的黄铜矿固溶体分离物（照片 8-14-2），晶体边缘具铜蓝和蓝辉铜矿集合的反应边。闪锌矿具灰色微带褐色反射色，粒径在 0.05~0.2*mm*，部分晶体内含乳滴状黄铜矿固溶体分离物（照片 8-14-3）。黄铜矿的粒径在 0.04~0.1*mm*，与部分闪锌矿具平直共结边。黄铁矿分布在方铅矿集合体的边缘（照片 8-14-4），两者具平直共结边。（单偏光）

照片 8-15 GsebB-7

　　浅肉红色中细粒方铅矿萤石矿化霓辉碱长正长岩：半自形粒柱状结构，包含结构，块状构造。岩石由金属矿物和脉石矿物组成。金属矿物包括方铅矿、黄铜矿、闪锌矿、斑铜矿和铜蓝等，含量较低；脉石矿物有钾长石、霓辉石。后期热液脉体矿物包括石英、方解石、萤石等，方解石和石英以较自形的近等轴粒状为主，石英晶体中富含近定向分布的磷灰石和方解石，部分方解石中包含微细粒石英，萤石多为不规则粒状。

照片 8-16-1 Gsebb-7（正交）

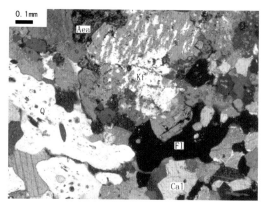

照片 8-16-2 Gsebb-7（正交）

　　中细粒方铅矿萤石矿化霓辉碱长正长岩：半自形粒柱状结构，包含结构，块状构造。该岩石由原岩（照片 8-16-1）和穿插的热液脉体（照片 8-16-2）组成，两者相对截然。

　　原岩组分钾长石（Kf）具宽板状和短柱状的形态或轮廓，脉状和点滴状条纹构造发育，次生蚀变强烈，晶面较脏；霓辉石（Aea）呈短柱状和近粒状轮廓，强蚀变，少量残留体为草绿—黄绿色。后期热液脉体矿物包括石英（Q）、方解石（Cal）、萤石（Fl）和金属矿物等，粒径 0.1~1.0mm，方解石和石英以较自形的近等轴粒状为主，石英晶体中富含近定向分布的磷灰石和方解石，部分方解石中包含微细粒石英，萤石多为不规则粒状。

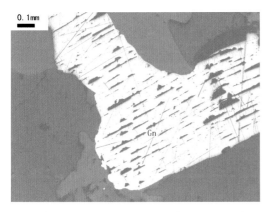

照片 8-17-1　Gsebg-3（Gsebb-7）

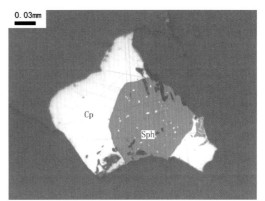

照片 8-17-2　Gsebg-3（Gsebb-7）

照片 8-17-3　Gsebg-3（Gsebb-7）

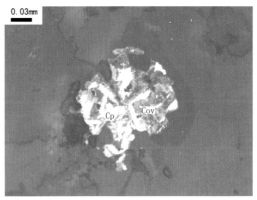

照片 8-17-4　Gsebg-3（Gsebb-7）

中细粒方铅矿萤石矿化霓辉碱长正长岩：粒状结构，包含、交代结构，星点浸染状构造。金属矿物包括方铅矿（*Gn*）、黄铜矿（*Cp*）、闪锌矿（*Sph*）、斑铜矿（*Bn*）和铜蓝（*Cov*）等，含量较低。方铅矿为 0.05~1.0*mm* 的半自形—它形粒状，晶面具黑三角孔（照片 8-17-1）。闪锌矿普遍被黄铜矿包裹或两者具共结边，有的晶体内含乳滴状黄铜矿固溶体分离物（照片 8-17-2）。斑铜矿均与其他金属矿物共生，尖棱角状交代黄铜矿或被方铅矿包裹，包裹晶体受熔蚀而棱边浑圆（照片 8-17-3）。黄铜矿的粒径主要在 0.02~0.25*mm*，部分晶体被铜蓝集合体不同程度的交代（照片 8-17-4）。

金属矿物的大致生成顺序为：闪锌矿→黄铜矿→斑铜矿→方铅矿→铜蓝。（单偏光）

照片 8-18　GsebB-8

灰白色黄铜矿萤石矿化霓辉碱长正长斑岩：斑状结构，基质细粒结构，交代结构，块状构造。原岩由粒径截然的斑晶和基质组成。斑晶为钾长石（6%），呈自形的宽板状和短柱状。基质为钾长石（55%）、霓辉石（13%）和榍石等。热液矿物萤石、方解石和石英等穿插交代原岩基质。金属矿物主要为黄铜矿（2%），微量方铅矿、闪锌矿和斑铜矿等。部分晶体具不完整的平直棱边，闪锌矿、斑铜矿和方铅矿多与黄铜矿伴生。

照片 8-19-1　Gsebb-8（正交）

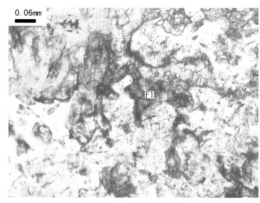

照片 8-19-2　Gsebb-8（单偏光）

黄铜矿萤石矿化霓辉碱长正长斑岩：斑状结构，基质细粒结构，交代结构，块状构造。原岩由粒径截然的斑晶和基质组成（照片 8-19-1），岩石中具矿化热液组分（照片 8-19-2），热液组分与原岩渐变。

原岩中单一的斑晶钾长石（Kf）为自形的宽板状和短柱状（照片 8-19-1 左侧），具卡式和格子双晶，环带构造可见，补丁状为主的条纹构造发育，轻微黏土化和绢云母化，次生蚀变物呈环带状分布。基质为钾长石、霓辉石（Aea）和榍石等，霓辉石基本被微粒状绿帘石和方解石集合体交代，仅具半自形的短柱状和近粒状假象。热液矿物萤石（Fl）、方解石（Cal）和石英（Q）等穿插交代原岩基质，萤石为不规则粒状，显不均匀的紫色。

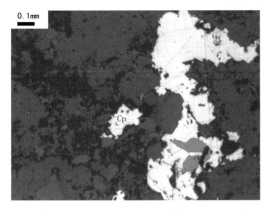

照片 8-20-1　Gsebg-4（Gsebb-8）

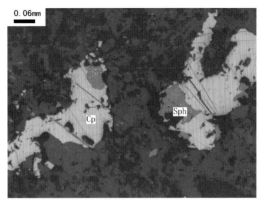

照片 8-20-2　Gsebg-4（Gsebb-8）

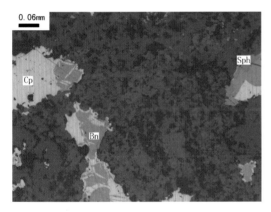

照片 8-20-3　Gsebg-4（Gsebb-8）

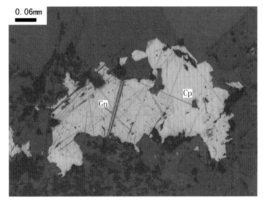

照片 8-20-4　Gsebg-4（Gsebb-8）

　　黄铜矿萤石矿化霓辉碱长正长斑岩：粒状结构，包含、交代结构，浸染状构造。金属矿物为黄铜矿（Pc 2%）、方铅矿（Gn）、闪锌矿（Sph）和斑铜矿（Bn）等。黄铜矿为 0.02~0.8mm 的它形粒状（照片 8-20-1），部分晶体具不完整的平直棱边，闪锌矿、斑铜矿和方铅矿多与黄铜矿伴生。闪锌矿完全被黄铜矿集合体包裹而棱边相对浑圆（照片 8-20-2），晶体内常见乳滴状的黄铜矿固溶体分离物。斑铜矿与黄铜矿紧密伴生或被包裹，部分晶体中具不等量的叶片状黄铜矿固溶体分离物（照片 8-20-3）。方铅矿为半自形—它形粒状，粒径为 0.04~0.3mm，多与黄铜矿共生，并具交代黄铜矿的趋势（照片 8-20-4）。（单偏光）

结　语

　　图册编著实践本身就是一项科研工作，它不是单纯对资料的收集反映，而是必然要对资料概括和提炼，经过对资料的理论升华，提出一些新的做法、看法。在实践中进一步检验，使其不断丰富和完整起来。

　　光薄片鉴定必须野外与室内相结合，野外标本采集人员要经常与光薄片鉴定人员进行沟通，使其鉴定结果更准确，以便提高图册编著的质量。

　　甘肃省矿产资源丰富，矿种多，矿床类型较齐全。全省已查明储量的非能源矿产包括：黑色金属矿产：铁、锰、铬、钒 4 种；有色金属矿产：铜、铅、锌、镁、镍、钴、钨、锡、铋、钼、汞、锑 12 种；稀有、稀土和分散元素矿产：铌、钽、铍、稀土、锗、铟、铊、镓、镉、硒、碲等 11 种。本次图册编著仅选择了铁、镍、铜、铅、锌、钨、钼、锑和稀土矿等 10 个矿种 12 个典型矿床远远不能满足要求。

　　由于甘肃省的黑色金属、有色金属矿床类型较多，分布广，且控制因素复杂，因此在图册编著矿床选择上略显不足，个别较典型的矿床未被选入。同时受基础资料收集和时间的限制，图册中的基础资料来自不同时段的地质报告及论文中，资料时限不统一。

　　本项目在标本采集时得到了狼娃山铁矿、镜铁山铁矿、金川镍矿、白银铜矿、白山堂铜矿、德乌鲁铜矿、厂坝铅锌矿、花牛山铅锌矿、小柳沟钨矿、温泉钼矿、崖湾锑矿、干沙鄂博稀土矿等矿山公司、甘肃地质博物馆等单位和有关人员的全力支持；在图册编著过程中得到了陈耀宇、刘伯崇、彭措、柳生祥、梁志录、刘龙、马涛等的技术指导，在此特别致谢！

参考文献

［1］高鹏鑫，魏雪芳，史维鑫，等.中国典型矿床系列标本及光薄片图册—黑色金属、稀有、稀土金属、非金属［M］.北京：地质出版社，2017.

［2］张慧军，高鹏鑫，魏雪芳，等.中国典型矿床系列标本及光薄片图册—铅锌锑银金矿［M］.北京：地质出版社，2015.

［3］张慧军，高鹏鑫，魏雪芳，等.中国典型矿床系列标本及光薄片图册—钨钼铜矿［M］.北京：地质出版社，2015.

［4］毛景文，张作恒，裴永富.中国矿床模型概论［M］.北京：地质出版社，2012.

［5］裴永富.中国矿床模式［M］.北京：地质出版社，1995.

［6］张新虎，刘建宏，等.甘肃省区域成矿及找矿［M］.北京：地质出版社，2013.

［7］余超，张发荣，李通国，等.甘肃省重要矿产区域成矿规律研究［M］.北京：地质出版社，2017.

［8］郭少丰，韩军，随新新，等.再论镜铁山铁矿成因［J］.地质与勘探，2014，50（5）.

［9］徐卫东.桦树沟铁铜矿床地质特征［M］.地质找矿论丛，2005，20卷（增刊）.

［10］汤中立，李文渊.金川硫化铜镍（含铂）矿床成矿模式及地质对比［J］.北京：地质出版社，1995，5（1-209）.

［11］汤中立，李文渊.金川超大型硫化镍矿床成矿地质背景［M］.地质出版社，1993.

[12]彭礼贵，等.甘肃白银厂铜多金属矿床成矿模式[M].北京：地质出版社，1995.

[13]李向民，等.甘肃白银矿田东部矿床成矿和找矿模式[M].北京：地质出版社，2000.

[14]严济南.祁连山白银厂黄铁矿型矿床成因探讨[M].矿床地质，1983.

[15]杨建国，翟金元，杨宏武，等.甘肃花牛山喷流沉积型金银铅锌矿床控矿因素与找矿前景分析[J].大地构造与成矿学，2009.

[16]代文军.甘肃北山花牛山金银铅锌矿床成因探讨[J].华南地质与矿产，2010，（3）:25-33.

[17]祝新友，汪东波，卫治国，等.甘肃西成地区南北铅锌矿带矿床成矿特征及相互关系[J].中国地质，2006.

[18]赵辛敏，刘敏，张作衡，等.北祁连西段小柳沟矿区花岗质岩石锆石U-Pb年代学、地球化学及成因研究[J].岩石学报，2014，30（1）:16-34.

[19]周廷贵，周继强，宋史刚.小柳沟铜钨矿田矿化特征及找矿方向[J].地质与勘探，2002，38（2）:37-41.

[20]韩海涛，刘继顺，董新，等.西秦岭温泉斑岩型钼矿床地质特征及成因浅析[J].地质与勘探，2007，44（4）:1-6.

[21]李永军，丁仁平，刘志武，等.西秦岭温泉花岗岩体的新认识[J].华南地质与矿产，2003，（3）:8-11.

[22]陈耀宇，代文军，魏学平，等.甘肃干沙鄂博稀土矿床地质特征及矿床成因分析[J].甘肃地质，2014.